编委会成员

主 任: 张树良

成 员: 张振北　　赵建军　　李晓宁

　　　　 张 琦　　曹 雪　　张海林

图片提供单位:

摄影作者名单: (排名不分先后)

袁双进	谢 澎	刘忠谦	甄宝强	梁生荣
王彦琴	马日平	贾成钰	李京伟	奥静波
明干宝	王忠明	乔 伟	吉 雅	杨文致
段忆河	陈京勇	刘嘉埔	张万军	高东厚
郝常明	武 瑞	张正国	达 来	温 源
杨廷华	郝亮舍	刘博伦	王越凯	朝 鲁
吴剑品	巴特尔	汤世光	孟瑞林	巴雅斯
仇小超	陈文俊	张贵斌	王玉科	毛 瑞
李志刚	黄云峰	何怀东	吴佳正	黄门克
武文杰	额 登	田宏利	张振北	吉日木图
呼木吉勒	乌云牧仁	额定敖其尔	敖特根毕力格	
吉拉哈达赖				

手绘插画: 尚泽青

序

北方草原文化是人类历史上最古老的生态文化之一，在中国北方辽阔的蒙古高原上，勤劳勇敢的蒙古族人世代繁衍生息。他们生活在这片对苍天、火神、雄鹰、骏马有着强烈崇拜的草原上，生活在这片充满着刚健质朴精神的热土上，培育出矫捷强悍、自由豪放、热情好客、勤劳朴实、宽容厚道的民风民俗，创造了绵延千年的游牧文明和光辉灿烂的草原文化。

当回归成为生活理想、追求绿色成为生活时尚的时候，与大自然始终保持亲切和谐的草原游牧文化，重新进入了人们的视野，引起更多人的关注和重视。

为顺应国家提倡的"一带一路"经济建设思路和自治区"打造祖国北疆亮丽风景线"的文化发展推进理念，满足广大读者的阅读需求，内蒙古人民出版社策划出版《草原民俗风情漫话》系列丛书，委托编者承担丛书的选编工作。

依据选编方案，从浩如烟海的文字资料中，编者经过认真而细致的筛选和整理，选编完成了关于蒙古族民俗民风的系列丛书，将对草原历史文化知识以及草原民俗风情给予概括和介绍。这套丛书共 10 册，分别是《漫话蒙古包》《漫话草原羊》《漫话蒙古奶茶》《漫话草原骆驼》《漫话蒙古马》《漫话草原上的酒》《漫话蒙古袍》《漫话蒙古族男儿三艺与狩猎文化》《漫话蒙古族节日与祭祀》《漫话草原上的佛教传播与召庙建筑》。

丛书对大量文字资料作了统筹和专题设计，意在使丰富多彩的民风民俗跃然纸上，并且向历史纵深延伸，从而让读者既明了民风民俗多姿多彩的表现形式，也能知晓它的由来和在历史进程中的发展。同时，力求使丛书不再停留在泛泛的文字资料的推砌上，而是形成比较系统的知识，使所要表达的内容得到形象的展播和充分的张扬。丛书在语言上，尽可能多地保留了选用史料的原创性，使读者通过具有时代特点的文字去想象和品读蒙古族民风民俗的"原汁原味"，感受回味无穷的乐趣。丛书还链接了一些故事或传说，选登了大量的民族歌谣、唱词，使丛书在叙述上更加多样新颖，灵动而又富于韵律，令人着迷。

这套丛书，编者在图片的选用上也想做到有所出新，选用珍贵的史料图片和当代摄影家的摄影力作，以期给丛书增添靓丽风采和厚重的历史感。图以说文，文以点图，图文并茂，相得益彰。努力使这套丛书更加精美悦目，引人入胜，百看不厌。

卷帙浩繁的史料，是丛书得以成书的坚实可靠的基础。但由于编者的编选水平和把控能力有限，丛书中难免会有一些不尽如人意的地方，敬请读者诸君批评指正。

编　者

2018 年 4 月

目录 contents

目录

contents

蒙古包是怎样炼成的

01

蒙古包是蒙古族人物质文化中最显著的特征。可以说，明白了蒙古包的一切，便是明白了蒙古族人的现实生活。

　　说起蒙古包，对生活在北方少数民族聚居区的人们来讲，一定不会感到陌生，而对生活在南方的人们来说，对于蒙古包的认识，基本都是停留在各种媒体的动感画面或是印刷精美的旅游宣传图片上，偶尔会有一些散客，也是在旅行社导游的引领下，在指定的草原旅游点上经历过短短一两天的游览和住宿体验而已。而在大多数人们心里，对于千百年来"生于斯、长于斯"的蒙古

族人民，在这片广袤的草原上，在这样简单的居住环境里，是如何生息繁衍，怎样发展壮大，又是在什么样的生存条件下创造横扫欧亚大陆的历史辉煌，还是充满好奇、不解和疑惑。

蒙古民族自古都以游牧生活为主，终年赶着他们的山羊、绵羊、牛、马和骆驼寻找新的牧场。蒙古包可以很快被打点成行装，由几头双峰骆驼驮着，运到下一个落脚点，重新搭建起来。可以说，蒙古包是随着牧民们的行程而建的。游牧民族为适应游牧生活而创造的这种居所，因其易于拆装，便于游牧，自匈奴时代起就已开始大量出现，一直沿用至今。

说起蒙古包的形成，我们就要追溯到远古。大家都知道，最早的人类，居住在天然的洞穴里，生存方式以采集为主。随着人类进化和文明程度的提高，古人开始对这些天然的洞穴加以改造，

在蒙古包天窗上另加有一个木制小楼，既保暖又美观。

以提高生存质量和躲避自然界风雨雷电的侵袭。古代人类在对自己居所的改建和装修过程中，显示出了极高的聪明才智。他们沿着洞壁，把木头或是石头砌到洞沿，在上面搭上一些横木封住洞顶，这样就形成了一个洞室。在封住洞顶的时候要留出一个口子，用于日常出入、洞室采光、通风和走烟。这一雏形在后来逐渐发展成为蒙古包的门和天窗。那个时代，这样的洞室被称为"乌尔斡"。乌尔原意为挖，现代蒙古语中已经专指蒙古包天窗上的顶毡，引申为家、户的意思。

随着原始人类的生产生活方式由采集向狩猎过渡，活动范围越来越大，开始把一部分食草动物逐渐驯养成为家畜，于是，草原上畜牧业的雏形逐渐显现。这个时期的先民

们的衣食开始有了一定的保障。有牛了，有羊了，还有供人骑乘的马和骆驼了，生产方式和饮食结构也发生了变化，想喝牛奶喝牛奶，想喝羊奶喝羊奶，时不时还能换换口味来点儿骆驼奶或是马奶尝尝，当然，马奶酒的发明还要等一等，这里不提。

　　吃的有了，喝的有了，出行的交通工具也有了，每天看着蓝蓝的天上白云飘，白云下面的马儿跑，这小日子滋润的，心里甭提有多美了。可是，每到傍晚赶着牛羊回家，钻进自己一直蜗居着的乌尔斡的时候，看着夜晚从洞口透进来的月光，越琢磨越不是味儿，寻思着每天出工收工，总不能跟土拨鼠似地还在地洞里钻进爬出吧，而且在当时，随着家畜的积累和畜牧业的兴起，也迫切需要一种便于搭建和拆卸，同时利于游牧和迁徙的新型流动居所，于是，一些窝棚、帐幕之类的地面新型"户外野营装备"应运而生。

　　这种初期圆形拱顶的隐蔽窝棚，大多以活树为支柱，用桦树皮覆盖，制作简单，同时也出现了毛毡帐，其形似天幕，用羊毛毡子覆盖。后来又渐渐有了帐篷，不过当时的帐篷只是用树木的

枝干做个支架，上面覆盖一层动物毛皮就可以了。这一居住的早期形式可能曾被更早的亚细亚游牧民族使用，是以木杆儿为主要支撑材料的人类早期建筑形式。进入畜牧社会，由粗糙的树木枝干做成的支架渐渐演变成为加工更为精细均匀的"哈那"，同上面提到的洞顶变成的天窗结合在一起，于是便有了蒙古包的雏形。

蒙古包在其发展过程中形成了两大流派：一种是由鄂伦春人自主研发，拥有完全自主知识产权的传统建筑"斜仁柱"式（在鄂伦春语里，斜仁柱就是木杆屋的意思），即以树干做支架，尖顶，用兽皮或树皮、草叶子做苫盖。还有一种就是蒙古民族千百年来一直沿用至今的，主要以毛毡作为其覆盖物的穹顶、圆壁式的蒙古包。

鲁不鲁克，法国人，于1252年受法国国王路易九世派遣，出使蒙古帝国，把自己在旅途中的见闻经过整理写出了一部《鲁不鲁克东游记》。他在《鲁不鲁克东游记》中对蒙古包有过专门的记载："他们把这些帐幕做得如此之大，以至有时可达三十英尺宽。因为我有一次量一辆车在地上留下的两道轮迹之间的宽度，为二十英尺。我曾经数过，有一辆车用二十二头牛拉一座帐篷……"

明朝肖大亨的《北虏风俗》、清代张穆的《蒙古游牧记》，还有13世纪中叶约翰·普兰诺·嘉宾尼的旅行记以及《马可·波罗游记》等，都对蒙古包有浮光掠影般的描述。如在《马可·波罗游记》里说蒙古包是木杆和毛毡制作的圆状房屋。可以折叠，迁移时叠成一捆拉在四轮车上，搭盖时总是把门朝南等。

中国人类学家吴文藻先生，曾于20世纪30年代到锡林郭勒盟考察蒙古包，在其发表的考察报告《蒙古包》中写道："蒙古包是蒙古族人物质文化中最显著的特征。可以说，明白了蒙古包的一切，便是明白了一般蒙古族人的现实生活"。这句话精辟地指出了蒙古包在游牧人生活中占有的重要地位。

由地窝子乌尔翰发展到窝棚，已经具备了蒙古包雏形，再由窝棚发展成为定形的蒙古包，即"哈那图格日"（有颈蒙古包），再进一步发展，便形成了近代形式的蒙古包，即插檐式天窗哈那图格日。这一历史沿袭，比较客观真实地反映了古代蒙古人是如何由采集渔猎逐步转换为以畜牧业为主的游牧经济，以及随着游牧经济物质文化文明的进步，蒙古包建筑更臻完善提高的发展历程。很多世纪以来，蒙古包就是这个民族最具代表性的特征物。正如丹麦著名探险家亨宁·哈士伦所说："蒙古包神圣的火焰是家庭与部落生活的中心。传统就是在这里产生的。那些围绕在蒙古包周围的，有着部落最古老基本特征的语言和氛围被一代又一代传承下来，成为沟通古今的桥梁"。

蒙古包的进化史

02

皮棚应该属于早期蒙古包的雏形，是蒙古先民们脱离穴居之后的最初生活居所。

逐水草而居，是数千年来北方游牧民族的生产和生活方式。在草原辽阔的北部边陲，从西部终年积雪的阿尔泰雪峰，到东部兴安岭的茫茫林海，从北部丰盈的贝加尔湖，到南部蜿蜒的万里长城，都曾经是北方游牧民族扬鞭跃马、纵横驰骋的广阔天地，而最适应这种生产和生活方式的居所，就是蒙古包了。

隋代的薛道衡在咏王昭君的乐府诗中，有"毛裘易罗绮，毡

帐代帷屏"的句子。13 世纪，长春真人丘处机在诗中描写当时草原的景象时这样写道："地无木植惟荒草，天产丘陵没大山，五谷不成资乳酪，皮裘毡帐亦开颜"。可见，在当时，皮裘、毡帐和肉乳产品已经构成了北方游牧民族物质生活资料的核心，而蒙古包这一游牧民族特有的文化模式，更是一直伴随着蒙古民族走过了漫长的年代。

公元前，蒙古族的先民们主要靠狩猎谋生，狩猎是他们的衣食之源。在那样一个物资供应奇缺的时代，所获猎物，身体上的所有部分都会被充分利用起来，除了可以食用的各种器官和肉类组织，剩下的骨头大多会被磨制成缝制衣物的骨针和猎获野兽的骨质箭头，或是和兽牙穿在一起，做成装饰戴在身上，剩下的兽皮呢？除了缝制成遮蔽身体的皮衣，大多被搭盖在树枝和木头架子上晾干储存。后来，先民们渐渐发现，在雨雪天气里，把身体钻进这些搭在树枝和木头架子上的皮子里面不仅能遮风挡雨，还非常暖和，于是，这种样式的结构，就成为蒙古族先民野外生存的早期户外简易装备——皮棚。现在来看，皮棚应该属于早期蒙古包的雏形，是先民们脱离穴居之后的最初生活居所。

随着时代的演进，草原上的先民们逐渐开始调整产业结构，大力发展畜牧业，为了适应这一新型的产业结构和生产方式，他们充分发挥创新意识，不等不靠，攻坚克难，经过不懈的努力，终于设计和制造出最适合游牧生活的户外和野营的全新装备——

毡包。

　　据史书记载，生活在公元之初东北地区的鲜卑人和乌桓人，基本生活方式就是以"居穹庐，食肉饮酪，以毛皮为衣"为主。可见，早在公元之初，毡包这一形式的居所，就已经在北方游牧民族的生产和生活方式中形成了常态。公元 7 世纪以后，蒙古人的毡包已经发展得相当完备。《蒙古秘史》卷一阿阑豁阿乃曰："汝等疑我续生三子有异，疑固是也。不知每夜有明黄人缘房之天窗、门额透光以入"。可见，当时的蒙古毡包已经有了门窗。

　　元朝统一全国后，由于受到中原地区定居民族传统耕作方式的影响，蒙古族统治者开始重视农业生产，并因地制宜实行了屯田制度。明永乐年间，明朝皇帝朱棣为稳定边境局势，敕封兀良哈三卫的各部蒙古族大小首领为都督、指挥、千户、百户，并每年供给他们一定数量的耕牛、农具、种子、布匹等，用以促进蒙古族地区农业经济的发展。随着农业生产的发展，蒙古族的居所开始向稳定性定居型住宅发展。哲里木、昭乌达、卓索图、郭尔罗斯等东部农业地区，开始兴建"摆行房"（即百姓格尔，一种用草垫子垒的土房，至今在科尔沁农村还可见到），也有的盖一种在山墙开门的"马架子"。

明末清初，中原地区在战争中生产力受到极大破坏，再加上频繁的自然灾害以及满族王公掠夺式的圈地，使关内广大以传统耕作为主的农民处于饥寒交迫的境地。他们为了生存，被迫"闯关东"，从关内经山海关至喀喇沁、哲里木、郭尔罗斯或从山东渡海至昭乌达、哲里木等地，在蒙古地区垦荒种田，谋取生路。从清初开始，大量的农民涌入，并呈逐年上升趋势，清政府从一开始的禁垦蒙地，到逐渐承认事实，并允许在部分蒙地招垦，直到放弃禁垦，实行了"移民实边"，从而对蒙地进行了全面放垦。后来的北洋政府和国民党政权沿袭了清末的放垦政策，还变本加厉执行"蒙地汉化"的滥垦政策，制定了许多奖励开垦的法令。近百年的垦荒使得游牧经济失去了存在的基础，蒙古地区的生产方式呈现出了以农业为主，兼营牧业的格局。从那时起，随着游牧方式的消失，牧民不需要搬家了。于是，在蒙古高原上，筑室而居成为趋势。蒙古包、

牛车甚至连马匹都失去了其在传统游牧生活中的使用价值。

中华人民共和国成立后，牧民们的居住风格有了很大改变。农业区、半农半牧区，均为土木、砖木建筑。砖瓦生产差的地方也喜欢建"一面青"的砖土结合型平房。普遍注意采光，用四合玻璃窗或折页玻璃窗。基本与当地其他民族无太大差异。牧区仍用蒙古包。不过，有些蒙古包用的是钢架，有前后窗户，内室有床或炕，成为一种具有现代风格的蒙古包。

中华人民共和国成立后，已经定居的半农半牧区，根据牧业

生产的需要，一般仍保留单独的冬季牧场和夏季牧场（冬营地和夏营地）。每年的春季青草发芽后，就赶着畜群到远方去"走敖特儿"（游牧），等到牲畜抓了秋膘，再返回本地放牧，在畜群四季轮转的草场上，也会临时搭建一些零散的蒙古包居住。近年来，随着旅游业的兴

起和发展，牧区新建了许多旅游点，大多数旅游点上的建筑设施，基本上都采用了蒙古包的设计样式和设计风格。

03

自然环保的蒙古包

蒙古包是游牧生活的产物，是蒙古人在寻找适合自己生活的居室的时候，经过千百年来的摸索创造出来的。

据《史记·匈奴列传》记载，早在夏、商、周的时候，匈奴人的先祖就居住北地，穿皮革，披毡裘，住穹庐（毡帐）。经过几千年，穹庐历经匈奴以后的回鹘、柔然、突厥、鲜卑、契丹等

多个民族传承、改造，不断适应所处的自然环境、生产力发展水平以及社会价值选择，表现出强大的生命力，致其自身逐步得到完善，更趋实用、舒适和美观。内蒙古地区的古老建筑，尤其是寺庙建筑中，山墙飞檐的中原传统建筑样式、收分墙体的西藏建筑样式，以及二者结合的形式，都是蒙古族人在历史上吸收和使用过的，但它们都没有能够替代蒙古包成为蒙古族建筑形式的主流。

蒙古包是游牧生活的产物，是蒙古人在寻找适合自己生活的居室的时候，经过千百年来的摸索创造出来的。其用料取材、结构特性和组成部分，充分体现了蒙古族与自然和谐共生的环保特性。其所用的材料无不因地制宜，就地取材。哪个部件坏了、旧了可以随时更换。这样做出来的蒙古包，不但能够经受大自然的考验，也非常适合游牧民族的生产和生活方式。

蒙古族游牧生活中的居住民俗历来都与蒙古包紧密联系，即使是在清代以后版筑群落出现，有的牧民弃牧务农，住进了土木建筑的居室，由于游牧经济的客观条件和实际需要，那些逐水草迁徙的游牧民仍然认为住蒙古包最为方便，有利于牲畜的放牧管理。而今，有些牧区也出现了许多用钢筋、水泥建造起来的穹庐房，外形和传统毡房一模一样，即使有了固定的房屋，一些畜牧产业

较多的旗县也离不开毡房和帐篷。在草原上，一些边远牧区的随畜转场，分群秋配，合群秋牧中，都需要搭建一些临时性的蒙古毡包，用来作为短期或季节性的流动居所。

蒙古包建筑是北方游牧民族处理人、畜、自然关系的产物。在历史的发展过程中，制作蒙古包积累了对当地自然资源的有效利用和适应自然环境的知识和技术。技术是为了满足人类的需求而改变物质世界的活动，是基本生活层面的知识和技术。不论从民俗学、建筑学还是其他角度，对蒙古包建筑的研究虽然有着各自侧重点，但大多会涉及对它的结构、材料和形状的深入探讨。

对大多数人来讲，一提起草原文化，可能首先在脑海里浮现的就是蒙古包，象征的比喻有着它的逻辑认识的合理性。但草原文化发展到今天，从内容到形式已变得多样化，蒙古包更贴切点说应该是游牧民族文化的象征，在草原文化中仍有它的痕迹，但已经不是主流的和核心的成分。蒙古包建筑从材料到结构以及形状，不同于中国古代江南的园林建筑和宫殿建筑，与现代的房屋建筑有着天壤之别。对它的描述多见于地方风俗录和地方文化的文本，对它的介绍一般是从自然资源的合理利用方面进行，从这些研究中，我们可以切实感受到游牧民族的生存智慧。另外，在一些文化和学术的探讨当中，也有学者把蒙古包看作草原文化的象征或是草原文化的源头。所以，对蒙古包建筑的研究，无论是从技术水平还是文化视角，都有继续挖掘和重新认识的价值。

撑起毡房的臂膀——架木

蒙古包可以扩大，也可以缩小。不过在心理和习惯上，蒙古人不喜欢缩小。故有"与其缩小毡房，不如缩小肚子"之说。

架木是蒙古包的主体框架，其中包括套瑙、乌尼、哈那和门槛四种结构套件。

蒙古包的套瑙分联结式和插椽式两种。联结式套瑙的横木是分开的，插椽式套瑙不分。两种套瑙都要求木质要好，一般会用檀木或者榆木加工而成。其中联结式套瑙上面有三个圈，外面的圈上有许多伸出的小木条，用来连接乌尼。这种套瑙是和乌尼连

在一起的。因为可以一分为二，用骆驼装运起来十分方便。

　　乌尼通译为椽子，一般由松木或红柳木制作成为细长的木棍，椭圆或圆形。它是蒙古包的肩，上联套瑙，下接哈那。上端要插入或联结套瑙，头一定要光滑且稍弯曲，否则，造出的毡包容易偏斜倾倒。下端有绳扣，以便与哈那头套在一起。粗细以哈那决定，一般卡在哈那头的丫形叉子中，上端以正好平齐为准。其长短、大小和粗细要整齐划一，木质要求一样，长短由套瑙来决定，其数量也要跟随套瑙改变，这样，蒙古包肩部十分平齐，周边也很圆整。

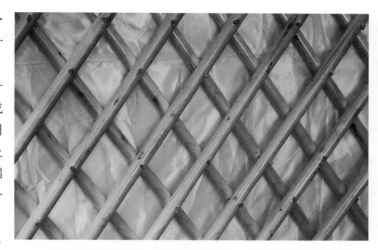

　　蒙古包的大小，以哈那的多少来决定。蒙古包的哈那可分成几块，并能折叠，搭、卸、拖运都非常方便。小型蒙古包一般用五块哈那，大一点的蒙古包一般用八块哈那。哈那有三个最为方便实用的特性：首先是它的伸缩性。做哈那的时候，把长短粗细相同的柳棍，以等距离互相交叉排列起来，形成许多平行四边形的小网眼，在交叉点用皮钉（以驼皮最好）钉住。高低大小可以

相对调节，不像套瑙、乌尼那样尺寸固定。一般习惯上说多少个头、多少个皮钉的哈那，不说几尺几寸。一个哈那上的皮钉一般有十个或十一个不等。皮钉越多，哈那竖起来越高，往长拉的可能性越小；皮钉越少，哈那竖起来越低，往长拉的可能性越大。头一般有十四、十五、十六个不等。增加一个头，网眼就要增加，同时哈那的宽度就要加大。这样的蒙古包可大可小、可高可矮。蒙古包要高建，哈那的网眼就窄，包的直径就小；要矮建，哈那的网眼就宽，包的直径就大。雨季要搭得高一些，风季要搭得低一些。这一特点，给扩大或缩小蒙古包提供了可能性。蒙古包可以扩大，也可以缩小。故不过在心理和习惯上，蒙古人不喜欢缩小。故有"与其缩小毡房，不如缩小肚子"之说。由于哈那这一特性，决定了它装卸、运载、搭盖都很方便。其次，哈那拥有巨大的支撑力。哈那交叉出来的丫形支口，在上面承接乌尼的叫头，在下面接触地面的叫腿，两旁与别的哈那的绑口叫口。哈那头均匀地承受了乌尼传来的重力以后，通过每一个网眼分散和均摊下来，传到哈那腿上。这就是为什么指头粗的柳棍，能承受两三千斤压力的奥妙。再有，就是哈那的外形美观。做哈那的木头用的是草原上的红柳，轻而不折，打眼不裂，受潮不走形，粗细一样，高矮相等，网眼大小一致。这样做成的毡包不仅符合力学要求，外形也匀称美观。哈那的弯度要特别注意掌握。一般都有专门的工具，头要向里弯，面要向外凸出，腿要向里撇，上半部比下半部要挺拔正直一些。这样才能稳定乌尼，使包形浑圆，便于用三道围绳箍住。

哈那立起来以后，把网眼大小调节好，接下来就该做蒙古包的毡门了，蒙古包的毡门要吊在外面，哈那的高度就是门框的高度，门由框定。因此，蒙古包的门不是很高，人得弯着腰进。

一个蒙古包要是上了八个哈那就要顶上支柱了。因为蒙古包太大了，重量就会增加，遇有大风天气就会使套瑙的一部分弯曲，连接式套瑙经常会遇到这种情况。八十个哈那的蒙古包要用到四根柱子。蒙古包里，都有一个圈围火撑的木头框，在其四角打洞，用来插放柱脚。柱子的另一头，支在套瑙上加绑的木头上，柱子有圆形的和方形的，也有六棱和八棱的。柱子上大多会刻绘一些颇具特色的图纹，有龙、凤、水、云等多种图案，不过，旧时只有王爷才能用到龙纹。

看得见的暖——
蒙古包的毛毡

05

"妇女们的义务是：赶车、将帐幕装车和卸车、挤牛奶、酿造奶油和格鲁特……制作毛毡并覆盖帐幕。"

搭盖蒙古包的原材料之一是毛毡，所以，毡子的出现，当在毡帐之前。《辞海》毡的释义为："羊毛或其他动物毛在湿热状态下，通过手工或机械挤压等作用毡缩而成的片状材料……"

在我国古代就已经有了制毡技术。公元前若干世纪时就已经有了毛毡的制作，且为游牧民族所开创、流传，以后传入中原王朝，设职专掌此项制作。蒙古族在承袭以往游牧民族衣食居住习俗的基础上，制毡业空前发展。蒙元时期，首先是官办手工业特别发达，和林、上都的官设匠局很多，如上都便有毡局、异样毛子局、钭皮局等，可谓百色工匠无不具备。由于牧业发达，毛绒增多，促进了纺

织业和制毡业的发展，制成的毡品有地毯、剪绒花毯，有脱罗毡、雀白毡、红毡、染青毡等，各类花色品种的毛毡不下六七十种。这些制成品不是属于"御用"就是属于"杂用"。与上述官制毡业并存的私人手工业的毛织业此时也很兴旺。马可·波罗在谈到天德州（今内蒙古乌拉特旗西北地区）时说："州人并用驼毛制毡甚多，各色皆有。并恃畜牧务农为生，亦微作工商"。大同元墓出土的毡帽和毡鞋，质地细软，保存完好，说明元代的毡毯业不仅有较高水平，而且生产非常繁荣。至于和个体畜牧业经济相结合的家庭手工业，更是遍及蒙古族聚居区。

这些为满足牧业生产和游牧生活需要而制作的生活日用毛皮制品，虽然技术简陋，低于官方手工业水平，却具有永不衰竭的生产潜力。《鲁不鲁克东游记》云："妇女们的义务是：赶车、将帐幕装车和卸车、挤牛奶、酿造奶

油和格鲁特……制作毛毡并覆盖帐幕"。可见，在辽阔的牧区，这种单纯的自产自销的自然经济生产方式，使擀毡制革的家庭手工业一直被保存下来。

　　毡子的制作，在民间没有官方手工业制毡那么复杂，基本是土法上马，五花八门，各地区制毡的操作过程大同小异。如选择有水的地方，无风天气，大伙集中在一起，往一块大毡上絮毛洒水，卷起来捆好，用马或牛拽着滚跑碾压，直至所絮牲毛滚压结实。一般要用一根五六米长的横杆为轴，像滚筒纸似地把絮好的羊毛毡子卷起来。横杆两端各有一对铁环，要套四匹牲口，驱赶牲口奔驰十多里以后，湿羊毛被碾压结实，便成了一方新毡。

　　蒙古包的苫毡部分由幪毡、顶棚、围毡、外罩、毡门、毡门头、毡墙根、毡幕等毛毡织物组成。

幪毡是蒙古包的顶饰,素来被看重。幪毡为盖套瑙之四方毡片,蒙古谜语中有"白天三尖子,黑夜四片子"的说法(幪毡展开为正方形)。幪毡放下可全部遮蔽套瑙,四角都要缀带子。幪毡具有调节包内空气、冷暖和光线强弱的作用。幪毡的大小,以正方形对角线的长度决定。裁剪时,以套瑙横木的中间为起点,向两边一拃一拃地来量,四边要用驼梢毛捻的线缝住,四边和四角纳出各种花纹,或是用马鬃、马尾绳两根并住缝在四条边上,四个角上钉上带子。

顶棚是蒙古包顶上苫盖乌尼的部分。每半个像个扇形,一般由三到四层毡子组成。里层叫"其布格"或"其日布格"。以套瑙的正中心到哈那头(半个横木加乌尼)的距离为半径,画出来的毡片为顶棚的襟,以半个横木画出来的部分为顶棚的领,把中间相当于套瑙那么大的一个圆挖去,顶棚就剪出来了。剪领的时候,忌讳把乌尼头露出来。

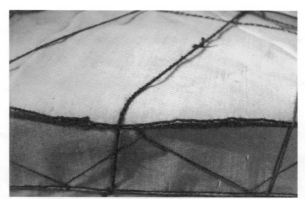

苫毡的制作是很有讲究的,制作时一定要选一个吉利的日子。裁剪的时候,都分前后两片,衔接的地方不是正好对齐的,必须错开来剪。这样才能防止雨水、风、尘土灌进去。里层苫毡子在哈那和乌尼脚相交的地方必须包起来,这样外面的毡子就不会那么吃紧,

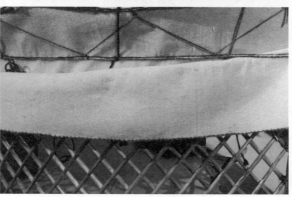

同时，也使蒙古包的外观保持不变。顶棚裁好后，外面一层周边要镶边和压边。襟要镶四指宽、领要镶三指宽。两片相接的直线部分也要镶边。这样做，可以把毡边固定结实，同时看起来比较美观。

围绕哈那的那部分毡子叫围毡。一般的蒙古包有四个围毡。里外三层，里层的围毡叫"哈那布其"，围毡呈长方形。裁缝围毡的时候，比哈那要高出一拃。围毡的领部要留抽口，穿带子。围毡的两腿上也有绳子。围毡外边露出来的部分要镶边和压条。东北围毡和东横木相接的地方用压条。有压条的围毡要压在没压条的围毡上面。围毡的襟没压条，也不镶边。

外罩在蒙古语里叫作"胡勒图日格"，是顶棚上披苫的部分，它是蒙古包的装饰品，也是等级的象征。裁缝胡勒图日格的时候，其领正好和套瑙的外圈一般大。胡勒图日格的腿有四个，和乌尼的腿平齐。外罩的襟多缀带子。它的领和襟都要镶边。有云纹、莲花、吉祥图案，刺绣得非常美丽。胡勒图日格的起源很早，旧时一般的人家都有，后来才变成贵族和喇嘛的专利。

蒙古包的毡门用三四层毡子纳成。长宽用门框的外面来计量。

四边纳双边，有各种花纹。普通门多白色，蓝边，也有红边。上边吊在门头上。门头和顶棚之间的空隙要用一条毡子堵住，有三个舌（凸出的三个毡条），也要镶边和纳花纹。

除此之外，蒙古包还有底部一圈围毡将其压紧进行封闭的部分，叫作"哈雅布琪"。春、夏、秋三季主要用芨芨草、小芦苇和木头做成。暖季的时候哈雅布琪被卷成一个圆棒形，晴天时折起来放好，遇有大风天气时围上。冬天用的哈雅布琪则是用好几层毡子摞在一起组成，有的上面还纳有花纹。

06

实用又吉祥的绳带

蒙古人认为坠绳是保障蒙古包安宁、保存五畜福分的吉祥之物。没有坠绳的毡包不存在，没有坠绳的毡包就不能算毡包。

蒙古高原上四季都会有风，十级、八级的大风在这里一点都不稀罕，为了保持蒙古包的稳固坚定和延长使用寿命，防止哈那向外撑开，避免顶棚和围毡下滑，绳带部分的固定在蒙古包的搭

建过程中显得尤为重要。蒙古包的绳带部分根据不同的功用，分为带子、围绳、压绳、捆绳和坠绳等。

围绳是围捆哈那的绳子，用马鬃和马尾制成，分内围绳和外围绳。把马鬃马尾搓成六细股，三股左三股右搓成绳子，再用二、四、六根并排起来缝成扁的。这种围绳的好处是能吃上劲，不伸缩。内围绳是蒙古包立架时，在赤裸的哈那外面中部捆围的一根毛绳。哈那的压力很大，内围绳一定要特别结实。内围绳一旦断裂或没有捆紧，哈那就会向外撑出来，套瑙下陷，蒙古包就有倒塌的危险。外围绳捆在围毡外面，分上、中、下三根。围绳的颜色有的搭配得很好，搓出来是花的。外围绳不仅能防止哈那鼓出来，还能防止围毡下滑。

压绳也叫带子，分内压绳和外压绳。立架木的时候，把赤裸的乌尼横捆一圈的绳子叫压绳。内压绳蒙古包内有四或六根，也用马鬃和马尾搓成，较细。这些压绳和乌尼压绳一样粗细，防止套瑙下陷或上翘，使蒙古包顶保持原来的形状。外压绳分为普通八条压绳、网络带子和外罩带子三种。普通压绳比内压绳要粗，外压绳用在苫毡

的外面，前面四根，后面四根。网络带子和普通压绳不同，套在顶棚上，从包四周像流苏一样垂下来。尤其是顶棚襟边的制作更为精致，垂下来缝压在围毡上。外罩带子是有外罩的蒙古包才有的。有外罩的毡包不用其他外压绳，外罩本身就起了包顶压绳的作用。外罩与其说是苫毡，不如说成压绳更准确。外罩脚上、领上钉的带子，将顶棚的襟捆压得更妥帖，大风吹不起来。

　　捆绳是把相邻两片哈那的口绑在一起，使其变成一个整体的细绳，用骆驼膝盖上的毛和马鬃、马尾搓成。

　　坠绳，就是拴在天窗正中用来固定蒙古包的拉绳，是从套瑙最高点拉下的绳子。蒙古人对这根绳子分外看重，用公驼和公马的膝毛或鬃尾搓成。大风起时把坠绳拉紧，可以防止大风灌进来把毡房吹走。拉绳的带子夹在包东横木以北第四根哈那头搭的乌尼里。坠绳先从套瑙和乌尼间垂下弓形的一截，再将其端从乌尼旮旯儿里穿进去，在乌尼上打个吉祥的活扣掏出来。如果刮起大风，就可以把拉绳一下揪出来，固定在地上拴牢。春秋季节刮起大风的时候，用力把拉绳揪住，或者

把它固定在外面北墙根的桩子上，可以防止蒙古包被风刮走。在掖坠绳的时候，垂下来的部分长短要适当，一般以站起来不碰头、伸手能够着为好。

蒙古人认为坠绳是保障蒙古包安宁、保存五畜福分的吉祥之物。没有坠绳的毡包不存在，没有坠绳的毡包就不能算毡包。出卖大畜的时候，要从鬃、尾、膝上拔一小撮毛拴在坠绳上，就是要把牲畜的底福留在家里，不让它随着买家跑掉。出卖小畜的时候，女主人要用袍子里襟擦它们的嘴，也是把牲畜的底福留在家里面的意思。男方到女方家娶亲的时候，要把一庹长的缎哈达作为五畜的礼物，搭在对方的坠绳上。坠绳是一种家户生存、五畜繁衍的吉祥物，所以非常宝贵，外面来的人不能用手摸。

故事链接：

苏武牧羊

在草原上，有些牧民们居住的蒙古包后面，总是立着一根光秃秃的木头杆子，当地的牧民们都很敬重它，平常不准外人走近，有外地来的人都很奇怪。其实，说起这木头杆子那可是大有来历。据说，当年汉朝特使，身负和平使命的苏武奉命出使匈奴，因为副使贪功，联合匈奴缑王想要冒险刺杀匈奴丁灵王，并劫持当时的且鞮侯单于的母亲阏氏，不想事情败露，匈奴内应被杀，苏武

及其随从被匈奴俘虏。苏武作为正使虽然事前并不知情，但作为
领导负有不可推卸的管理责任，匈奴王十分愤怒，就想杀了他，

但当时的汉武帝刚刚为了西域大宛国拒绝将汗血宝马进贡汉朝一事，一怒之下灭了大宛国，兵锋正盛，威震四方，且鞮侯单于担心杀了苏武等人不好交代，于是，又想办法要他投降，希望苏武能够留下来为他做事，为匈奴的发展和建设事业做出贡献。但苏武明显不给匈奴王面子，一言不合就被匈奴王流放到了北海去牧羊，临行前且鞮侯单于特意告诉他："等到公羊生了小羊，就立即放你回国"。言外之意无非是要长期监禁苏武。

北海是当时匈奴统治的极北地区，就是今天西伯利亚的贝加尔湖，这里虽然风景优美，但是人迹罕至，即使没有看守，单凭个人的力量也是难以逃遁的，当时苏武的身边只有几只永远也生不出羊羔的公羊陪伴，面对如此困境，苏武不等不靠，不拿不要，充分发扬艰苦奋斗、自力更生的精神，以野鼠、草籽为食，搓绳结网，捕鱼捉虾，开始了长期的野外生存。春夏秋冬，寒来暑往，不论是打草放羊还是坐卧行走，他的手中始终握着代表大汉使节的旌节，出使的节棒从未离开过苏武的身旁，日久天长，节棒上的飘带和旄球都磨掉了，他还是带在身边，视为至宝。

有一年，且鞮侯单于的弟弟於靬王偶然来到北海打猎，看到苏武不仅活着，还用渔网打鱼，感到十分新奇，于是就把苏武的渔网要了去，至于拿去做了纪念品还是学着捕鱼，这个后世还没有资料显示。不过於靬王真是个实在人，拿了人家赖以生存的劳动工具，觉得很是过意不去，而且从心底里钦佩这位不屈不挠的汉朝使节，于是开始定期供给他一些食物、衣服和生活必需品，还非常厚道地为苏武搭建了一座圆顶的毡帐，苏武的长期户外生涯终于有了转机，总算有了自己的居所，结束了"天当房、地当床"的野人生活。他的励志故事开始在草原上广为流传，成为牧民们崇拜的偶像。

后来，苏武被汉朝接回去，草原上牧民都很怀念他，便在自家的蒙古包的后边，立了一根光溜溜的木杆，作为苏武当年时时留在身边的节棒的象征。

与大自然和谐共生的蒙古包 07

蒙古族独具特色的居所和纯粹原生态交通运输工具，无疑是草原游牧生活的一种最佳选择，所以说，从某种角度讲，蒙古包是世界上最有利于环境保护的地上建筑。

居所在一定程度上可以反映饮食团体的稳定性与聚餐形式。北方游牧民族逐水草而居，以蒙古包作为居住形式，过着游而不定的生活，他们在蒙古包里架火炊煮，围火进食。说起蒙古族的

环保意识，那还真是了不起的。蒙古人修建蒙古包时不用挖土夯地，搭建时也不需要土坯和砖瓦，更不需要什么钢筋混凝土，只需要少量的木材、毡子和皮条就能做成，把建造房屋对自然资源的消耗降到了最低点。而且拆卸时不会留下废墟，不像窑洞那样给大地留下长久凹陷的疤痕，又不像土木结构建筑，破坏后垃圾成堆，一片狼藉。

　　古代蒙古族的主要运输工具是勒勒车，交通工具是马和骆驼，在迁徙或转移牧场时，会把蒙古包一起运走。这就在客观上减少了对树木的大量砍伐，也避免了对草原草场的长期占用，起到了维持生态平衡和环境保护的作用。蒙古包从一个地方迁徙之后，过不了多久那里就会绿草如茵，生态恢复的速度之快就像在神话里发生的一样。蒙古族独具特色的居所和纯粹原生态交通运输工具，无疑是草原游牧生活的一种最佳选择，所以说，从某种角度讲，蒙古包是世界上最有利于环境保护的地上建筑。

在蒙古包里，外面有什么动静很容易知道。尤其是深夜，外面发生了什么事情，牧民们很快就会了解清楚。羊群不入圈的季节，草原上狼群和鹰隼的猎食对畜群危害很大，尤其是兵荒马乱的年代，在对畜群的照看和守护方面，蒙古包的作用发挥得十分明显。相对农业民族的房屋来说，蒙古包更适合从事牧业经济，有固定居室不可比拟的优越性。

蒙古高原自古奇寒，"三九的严寒，会冻裂三岁牛的犄角"。然而蒙古族世世代代居住的蒙古包，从没有冻坏过人。20世纪英国探险作家提姆·谢韦伦在他的《寻找成吉思汗》当中，记录他的同伴普热杰瓦斯基的观察："这种住处在牧野生活不可或缺，拆迁容易；抵抗酷寒和恶劣天气的能力更是无与伦比。户外的气温再低，蒙古包里照样暖意融融。入夜之后，炉火熄灭，烟囱用毡毯盖住，虽然没有先前那么暖和，但是，还是比一般的帐篷舒服多了。到了夏天，蒙古包又能隔绝高温，下再大的雨也不怕"。

冬天蒙古包取暖用的燃料，既不是煤，也不是电，而是草原

上随处可拾的牛粪、羊粪。在牧区，每家羊圈的旁边都会整整齐齐码放着一堆堆的羊粪砖，而且哪家摆得越多越整齐越好看，越说明这家人能干。用牛、羊粪砖作为燃料在草原上有着悠久的历史，其特点是燃烧时间长、火力旺、热能高，既不用柴火又不用花钱，还不会污染和破坏环境。冬天只要在包里

把火一生起来，立刻就会热浪扑面，而且冬天的毡包不仅外面加厚，在里面还会多绑一层毡子，隔风性能非常好。睡觉的时候，把包里烧暖，把套瑙盖上，门堵严，盖上羊皮被、皮袍，热热乎乎的，一觉睡到大天亮。蒙古包不仅可以在包里生火，还能在包里盘座暖炕，从外面烧火为包里供热，是草原上的纯天然"地暖"。如果包内热得厉害，还可以通过顶毡调节。

　　蒙古包的套瑙开在包顶上，日出日落阳光都能照进来，因此始终敞亮。蒙古包的圆顶开在上方，烟尘也很容易排出去。套瑙和门口离得很近，方便空气流通。蒙古包以白色为主色调，有较好的反光作用，其背面还可以开扇天窗，而且蒙古包里永远都有明亮充足的阳光，始终洋溢着大自然健康清新的空气。在骄阳似火的炎炎夏日，在视野辽阔的高地搭上蒙古包，把围毡边撩起来，草原上八面来风，令人顿感酣畅。包外花香袭人，清风拂面；包内欢歌笑语，奶酒飘香。

　　蒙古人使用日晷大概很久，靠天空照进来的日光能准确而详细地划分时间。从匈奴时代开始，穹庐都是"东开向日"。蒙古

包就向着太阳升起的地方搭盖。照进门来为"太阳升起"、照进套瑙有"套瑙沙那日"（即指套瑙圈上固定椽子细头的地方照上太阳）；照进椽子有"椽子中的太阳"；照进哈那有"哈那中部的太阳"，"擦着哈那头的太阳"（说明太阳西下）等。

　　根据这种划分的时辰，可以有钟点、有秩序地安排一天的生活。那时没有钟表，为了准确掌握时辰，在家的人从蒙古包看日影，行路的人看太阳照在自己身上的影子，晚上看月亮和星星。

　　蒙古包计算时辰从兔（卯）时开始（六点），到鸡（酉）时结束（十八点）。因此，蒙古包本身就是日晷。在有的地区，至今还是靠看日影过日子，

在这一点上，充分体现了蒙古族与大自然和谐共生的生活习俗。蒙古包具有这么多的优点，自然为牧人所喜爱，成为他们祖祖辈辈养儿育女、喜庆欢宴的吉祥处所，并世世代代为之祝福，赞美不已。

　　概括来讲，所有这些蒙古民族自然环保的习俗，都是基于人与生态之间互动而产生的。人类的衣食住行取之自然，无疑会对自然环境带来损益性的影响。蒙古民族千百年来能够积极、能动地利用自然资源的同时，形成良好的保护生态环境的生活习俗，无疑是人类文明的重大进步。

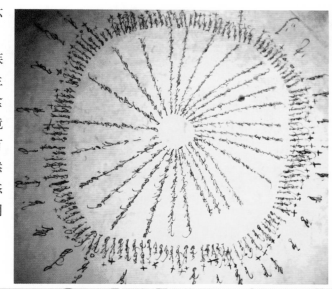

行走的格日特日格 08

漫话 蒙古包
MAN HUA MENG GU BAO

在蒙古语里面有一个习惯的说法，把家园称为"格日特日格"，译成汉语就是家车的意思。

蒙古族是游牧民族，从事游牧生产，蒙古包的应运而生，给长距离的自由迁徙带来了极大的方便。蒙古民族一直以来都是自己制造蒙古包。蒙古高原有的是山林，木料不用发愁。剪下羊毛

擀毡子，外面搭的东西就有了。剪下驼马鬃、尾，就可以搓成围绳和带子。扩大毡包的时候，把套瑙换掉，增加乌尼、哈那就行了。蒙古包这种制作容易、修理简便的特点，被蒙古人一直使用和沿袭到了今天。

20 世纪英国探险作家提姆·谢韦伦在他的《寻找成吉思汗》一书中，对蒙古包的搭建有着如下的描述："蒙古包的主人大概五十来岁，颇有风尘之色，正忙着打理蒙古包侧墙的格子框架。框架是由细木条编成的，交接处由生皮带缚好，可以像百叶窗一样折叠起来。蒙古包的大小要看是由几组框架连接成的。框架接框架，围成圆形，组成蒙古包的外墙，等到漆得美轮美奂的大门也安好，蒙古包的主人会在帐篷中心支起两根细细的柱子，调好位置，确认它们能均衡地承起屋顶重量，这时，亲人或是邻居就要上场帮忙了。大伙儿把这两根细细的柱子，插进雨伞般的辐射顶架；顶架的边缘跟外墙相接，用细皮带紧紧绑好。接下来，就要覆盖毡毯了。蒙古包的顶上，先铺一层较薄的帆布；在圆形的侧墙旁，则要挂上厚毡毯，这样一来，寒风就钻不进来了。剪好的毡毯，一层层地绑在蒙古包顶端的帐顶上，要盖几层，要用多厚的毡毯，视季节与保暖的需求而定，最后在蒙古包顶上加盖一层防雨帆布，就算大功告成了。蒙古包的顶上留一块三角形的缺口，用细绳控制，可以透风，让烟散出去，或是照明——这当然也要看当时的天气和风向，才决定要不要开启"。

蒙古人常用羊胃形容自己的毡包。蒙古包顶上圆中有尖，中间宽大浑圆，下面可以算作"准圆"，这种形式特点，使草原上的沙和雪，受到蒙古包的缓冲以后，会在它后面适当的距离，形成一个新月形的缓坡堆积下来。这是因为蒙古包没有棱角，光滑溜圆，呈流线型。包顶是拱形的，承受力最强（如桥梁之拱形）形成一个坚固的整体。大风来了，承受巨大的反作用力。上面的沙子流走了，下面的沙子在后面堆积起来。所以

搭盖坚固的蒙古包，可以经受得住每年冬春季节里的十级大风。蒙古包还能经受得住草原上的大雨，这主要归功于它的形态构造。雨季时蒙古包的架木要相对搭得"陡"一些，再把顶毡盖上，雨水很难侵入。包顶又是圆的，雨水只能从顶毡上顺着流走。蒙古包的覆盖物基本都是毛毡，在雨天里吸附在毛毡上的雨水会使蒙古包的压力大大增加，最大承受力可以多达两三千斤，在如此重压下，蒙古包依然可以安然无恙，这就不得不佩服蒙古族先民们对于力学知识的掌握和应用。

　　蒙古包的搭盖不必严格择址，只要周围水草好就行。蒙古包本身就是一种组合房屋，各个部件都是单独的，搭盖时不用很多人参加，二三人足矣。到一个新地方以后，把这些部件从车上卸下来，搭包的时候，先根据包的大小画一个圆圈，然后沿着画好的圆圈将预先编制的木条方格（哈那）架好，包顶顶部再架上固定的天窗支架，一般顶高约4米，周边高约2米，门大多向东或东南开，全包的外部和顶部均由轻质沙柳做成骨架，屋顶以天窗为中心，绑扎细椽子（乌尼），呈活动伞盖式，用驼绳绑扎固定，

成为一面固定的圆形墙壁。圆顶套瑙直径为 1.5 米，上饰美丽的花纹。包顶外形均是圆锥体，通常用一层或二层乃至多层毛毡或帆布覆盖，最后用一块矩形毛毡把套瑙覆盖以过夜或防雨雪。将哈那和乌尼按圆形衔接在一起绑好，搭上毛毡，用毛绳系牢，便大功告成。只需生着火熬奶茶的工夫，一座蒙古包就搭起来了。熬茶时还是野炊，到了喝茶的时候，已经坐在蒙古包里了。

　　拆卸蒙古包，比搭盖还容易。两个人拆卸只需十几分钟。围绳、带子都是活扣，很容易解开。带子一解开，毡子和架木就自动分离。哈那、乌尼、套瑙都是分根分片的，很快就可以拆卸开并折叠起来。外面覆盖的顶毡、围毡都是单个的，任何一件，一个女人都可以轻易地举起来放在车上。

　　除了套瑙，架木全用轻木头做成，以便搬迁时轻便易行。蒙

古包自古以来就是为游牧经济服务的，除了必要的生活用品，没有多余的东西。如果是有钱人家，就把东西放在轿车里，去什么地方都很方便。一般的人家，有两三峰骆驼或两三辆勒勒车就行了。放牧也好，打仗也好，都是连家一起走的。所以在蒙古语里面有一个习惯的说法，把家园称为"格日特日格"，译成汉语就是家车的意思。

蒙古包里的内饰家居

09

　　蒙古族人尊重一切供人使用的物件，它们会得到爱护和保存，会经常被擦拭和保养，比如碗、奶桶、奶茶壶，尤其是马鞍子，它们会被精心摆放在蒙古包里，与人同处。这与宗教信仰没有任何关系。但这可以说是人类世界最为简单和朴素的信仰。

　　蒙古包内陈设，主要是沿袭蒙古先民们敬奉香火、神佛的习俗，也同家庭劳作的不同分工有着直接的联系。这种陈设形成的固定模式之所以能够保持不变，说到底还是因为数千年来蒙古包

的外形和内部结构一直未曾改变。

　　蒙古包内的陈设，按空间可以划分为三个区域，东西的两侧又可以分为八个摆放位。除了这八个摆放位，中间还有一个摆放香火（灶火）的地方，因此也可以说有九个摆放位。不过，蒙古包朝南的方向是门，按规矩不能摆放东西，如果不算排序的话，还是八个摆放位。

　　提姆·谢韦伦在《寻找成吉思汗》一书中描述道："蒙古包里面的摆饰，也是千篇一律。首先映入眼帘的一定是一个半人高的铁炉子，圆弧形的像个油桶，正对着前门，一座烟囱从毡顶天窗穿出去。两三张铁架床，散布在蒙古包的后方跟旁边，约略围成弧形；床跟床

之间，通常是橱柜家具，一般来说是橘红色的，镶以花边。主人的座位放在正对门的远处，最尊贵的客人坐在他的右手边，其他人可以舒服地坐在床沿，或是席地而坐，只要伸手够得着矮桌上的东西就成了。桌上早就放满了零食，供客人取用，有成堆的方糖，硬面饼，还有被太阳晒干的奶酪。这种奶酪特费牙劲，有时嚼到

牙痛，还是硬邦邦的，套句鲁布鲁克的话：'硬得像铁块一样'"。

蒙古先民们从地窝子里乔迁进了蒙古包新居，最先安放的就是灶火（蒙古包地面上的正中位置支一个火撑）。有学者认为，香火（灶火）布局在座位正中，跟古代的火崇拜有关。香火的位置是由坠绳决定的，坠绳垂下来正对的那个点，就是支放火撑的中心点。火撑的四条腿，要使两两的连接线正好与套瑙的纵木平行。火撑外框放置的时候，以火撑为中心，四周的距离要相等，而后安排出门口的地板。古时候的火撑是青铜的，有三条腿。后来变成生铁的，有四条腿。大概在三条腿的火撑发明以前，蒙古先民们应该是用三块石头支起来进行野外烧烤或是用泥锅煮饭的。蒙古族俗语里有"羊孳生万头，也不忘用钢火撑"之说。火

撑和锅灶在安放的时候，一定要端正，也可以向西稍稍偏斜，但绝对不可以向东南偏斜。据说这是怕家里的福气从门口的（东南）方向跑掉。锅盖的梁要对着套瑙横木，不能与它交叉，锅旁放茶壶和火盆，茶壶嘴冲着灶火，不能对着客人。

火撑支好，火撑圈摆好以后，要是包里暂时还没有桌子等家具什么的，就先在包里环形的空间里铺设毡垫，毡垫会一直铺到墙根。要是有箱笼桌柜之类的，这些家具的底下就用不着铺毡垫了。

蒙古包地面上所铺的毡垫，由四块方形或长方形的垫子和四块三角形的垫子组成，蒙古俗语里有"毡包八垫"之说。四块方形垫子的前面紧靠火撑圈儿的四边，后面紧靠哈那的围墙，对齐之后裁

下来，用线绳缝纳在一起，由于蒙古包内是环形构造，四块方毡铺完之后就会留下四块三角形的空白，这个时候就要用四块三角形的毡子补齐。如果蒙古包不大的话，用四块毡子铺地就可以了，门口要是铺上木地板，那么这八块毡子不用也可以。东西多的人家，在铺毡垫之前摆好被桌、箱柜等家具，铺毡的时候从包的北边开始，八块毡子铺好之后，上面还可以放一块长方形的毡子或地毯，作为家居的内饰，西边和北边各铺一对。火撑圈（木制）的西边，要留出放碗桌的位置，南北长方形的地面上铺上另一对长方毡子。北边也要留出相同放置碗桌的位置，东西长方形地面铺上另一对长方形毡子，碗桌就放在空出来的西边或北边。平时不来客人的时候，碗桌就放在供佛的佛桌这边。

铺放毡垫的时候一定要看看正反，平时不看正反无所谓，新盘上建包的人家是一定要正面朝上的，如果已经铺反了，若是有祝贺新包的客人来了，把前边提到过的长方形对毡正面朝上就可以了。

地面的毡垫铺完，就要安排包里家具的摆放位了。按照习俗，包内从正北开始，西北、西和西南方向的摆放物品都是男士专用，而东北、和东南半边的陈列都是女士专属。这种安排，与蒙古人男右女左的座次排序有直接的关系，当然也与家庭中男女劳作的分工不同有关，这跟旧时的重男轻女没有任何关系。

蒙古包里的西北方向是摆放佛桌的位置，上面供奉着佛像和佛龛。佛像有时装在专门的小盒子里面。佛龛中主要安放佛像，有时也在里面或上面放经书或召福的香斗、箭等。佛龛前要放香烛、佛灯、供品、香炉。佛龛平时不开，佛像也不取出来。供奉佛像时或在正月的时候，要将佛像请出来，举灯敬香，供奉食品。扯起一条或几条哈达，缠吊在乌尼上，上面悬挂一些彩带和流苏。这些哈达除去原有的一条，大多是自家或是年节时来走亲访友的族人献的，日子一久，也就越来越多。黄教的佛像应供奉在正北方，因为蒙古族一直以西北为尊，古代的神物一直供奉在西北。黄教在草原上广泛传播之后，西北方向就成为专门供奉佛像的

神位了。

蒙古包的新包赞词中有"打开西面箱子看到：猎物、纸笔、书账、征战用品、摔跤服都有"的描述，说明在蒙古包里靠西的半边是男士用品的专属地。套马杆上的套索吊在同样的地方，凡人踩踏过的地方都不能放，凡是马鞍具，都忌讳人从上面跨越，在这一点上足以证明蒙古人对马的热爱程度。蒙古包内的刀或枪都要挂在西边的哈那上，刀尖或枪口都要朝着门的方向，这也是古代部落战争习惯的延续。

蒙古包西南酸奶缸的前后，哈那的头上挂着狍角或丫形木头做的钩子。上面挂着马笼头、嚼子、马绊、鞭子、刷子等物。挂嚼子、扯手等要盘好，对着香火，出门随时可以拿起来就走。嚼子的口铁不能碰着门槛，要挂在酸奶缸的北面或放在马鞍上。放马鞍的时候，要顺着墙根立起来，使前鞍鞒朝上，骑座朝着佛像的方向。如果嚼子、马绊、鞭子分不开，笼头、嚼子要挂在前鞍鞒上，顺着左首的鞯鼻向着香火放好，鞭子也挂在前鞍鞒上，顺着右手的鞯垂下去。马绊要挂在有首捎绳的活扣上。西南面的门后不放东西，再靠后顺着可以放置酸奶缸什么的。

按说捣奶子是妇女的活，酸奶缸怎么会摆放在西边呢？这里面有一个典故，原来在蒙古人的历史上，挤马奶和做酸奶（也算马奶酒）都是男人们的事。《鲁布鲁克东游记》一书中有过关于马奶酒制作原本是男人们的工作的记述。《蒙古秘史》中，成吉思汗被泰赤乌人俘获之后，就是在锁儿罕失剌的帮助下逃脱的，而锁儿罕失剌就是专做马奶酒的。

在佛桌和东北方向的箱子中间（北面），摆放着狮子八腿被桌。蒙古族习俗在儿子要成家的时候，一定要给做一张这样的桌子。这种桌子，铺着专门制作的栽绒毯子，上绣三种样子的双滚边花纹，两头分别横放一个枕头，中间是新郎、新娘的衣服和被褥。新郎的枕头放在被桌的头部，新娘的枕头放在被桌的尾部，枕头向着香火，用金线、银线和彩色绒线织成花纹的织锦，其面用四

方的木头制作，用蟒缎蒙皮，库锦饰花，四角用银子镶出来。新郎的枕头自家准备，新娘的枕头要从娘家带来。被桌上放衣服的时候，袍子的领口一定要朝着佛像。袍子的胸部放在上首，男人的衣服放在上层，女人的衣服放在下层。叠垛衣服的时候，放在北面，领口朝西，若放在西面，领口要朝北，但是绝对不可以朝着门的方向，因为只有离世的人的衣服才这样放。紧挨被桌的东北方，是放女人的箱子（脚箱）的地方，一共一对，是女方娘家的陪嫁，里面有女人用的四季衣服、首饰和化妆品等。

毡包的东墙是放碗架的地方。碗架分好几层，可以放许多东西，各有各的地方：碗盏、锅灶、勺子、茶、奶等。放置也有规矩：肉食、奶食、水等不能混放，尤其是奶食和肉食不能放在一起。因为奶里混进荤腥容易发霉，对做酸奶不利。此

外，也跟蒙古人崇尚白色有关。奶、茶要放在上面，水桶放在地上或碗架的南面。盘碗中间最尊贵的是条盘（盛放羊背的），放在东边最尊贵的上首（靠北）。蒙古族人家有三个福圈：家、院、野外。家中的福圈就是条盘。条盘放在东横木靠前，碗架上面或挂在哈那头上。除了主人别人不能动它。一切口朝上的器皿一定要口朝上放置，不能倒扣。但是锅、筐、箩头三样东西，在外面可以倒扣放置。家中最尊贵的是奶桶，不能乱扔乱放。这是因为先白后红的饮食习惯形成的。勺子、铲子、笊篱之类也不能倒扣，柄向着香火朝上放置。如果挂起来放置，面朝着香火。锥子、

斧子放在碗架的下层。这两种东西是捣砖茶用的，什么时候也不能离开。另外，茶是饮品之尊，所以，捣茶的工具也不能乱放。

毡包东南角上放的东西，比起其他地方来说，能够随着季节变化。春天除放水、牛粪外，把刚生下来的牛犊在这里拴一两个月。夏秋季要增加酸奶缸，要盖泥灶支锅生火做奶皮子。冬天放水缸、牛粪、多出的火撑子。门槛的东边不远，不论什么时候都放着狗食桶。东南近火撑的地方，放着牛粪箱子。不能从箱子上跨越，

不能垂腿坐在上面。牛粪是生火的。无论从崇拜火来考虑，还是从尊重祖宗的香火考虑，进出时都要把袍子撩起来，不要让袍边扫着牛粪箱子。火剪子之类的东西碰到脚下，也要拿开，不能从上面跨越。门口铺木板，不放东西，只供人们出入。

总之，蒙古族人尊重一切供人使用的物件，它们会得到爱护和保存，会经常被擦拭和保养，比如碗、奶桶、奶茶壶，尤其是马鞍子，它们会被精心摆放在蒙古包里，与人同处。这与宗教信仰没有任何关系。但这可以说是人类世界最为简单和朴素的信仰。

故事链接：

铁木真"越狱"

铁木真被泰赤乌部抓住，凡是了解塔里忽台的人都断定，铁木真非死不可，包括铁木真自己。出人意料的是，塔里忽台全方位、无死角地"鉴赏"完铁木真，没有杀他。他眼珠子骨碌碌地转，最后露出一丝狞笑，下令说："给他戴上枷锁，各营轮流看守，我要让他知道我泰赤乌部的势力有多大！"

所谓各营就是"阿寅勒"。蒙古人游牧分两种，一种是个体游牧，被称为"阿寅勒"，当时的铁木真一家虽然有几个蒙古包毡帐，也属于阿寅勒；另外一种就是集体游牧，被称为"古列延"，比如塔里忽台，他的大型蒙古包毡帐在中间，主动跟随他的氏族成员们围绕着他的毡帐驻扎，形成一个古列延蒙古包群落。

泰赤乌部的阿寅勒自然很多，所以塔里忽台才说让铁木真看看他们部落的势力有多强大。

就这样，铁木真戴着枷锁每天从一个营地转到另一个营地。虽然保住了一条命，但前景非常黯淡，没有人来拯救他，他也许会死在从一个营地到另一个营地的路上，或者就死在戴着枷锁的睡梦中。在他的人生中，恐怕没有比这更糟的了。

不过，此时铁木真有两样法宝，一个是他坚毅的性格，另外一个就是他出奇的好运。

塔里忽台经常举行不大不小的宴会，自从铁木真到来，宴会上必不可少的节目之一就是展览铁木真。每当宴会达到高潮时，塔里忽台就会让看管铁木真的蒙古包主人把他带到宴会中央，他每次的开场白都是这样的："你们看啊，这个年轻人就是也速该的长子，你们瞧瞧他的倒霉样子，来吧！干杯！"

铁木真站得笔直，冷冷地看着狂欢的敌人，眼里燃烧起了火。他咬牙切齿地默默发誓：此仇必报，将来我要十倍奉还给你们！

塔里忽台当然不知道铁木真早就对他恨入骨髓，每次恶作剧式的羞辱更是加重铁木真对他的仇恨。不过有一点让他对铁木真大为敬佩，那就是，在大半年的折磨屈辱下，铁木真从未有过沮丧，始终保持着坚毅的个性，保持着别人没有的冷静，这是一种可怕的力量。但塔里忽台不怕，有谁会对砧板上表现坚毅的肉感到恐惧呢？

性格让他在厄运中存活下去，运气则让他有了打开囚牢的钥匙。

盛夏的一天，铁木真按照规定被锁儿罕失剌一家看管。锁儿罕失剌一家人有着菩萨心肠，夜深人静后，锁儿罕失剌和他的两个儿子沉白、赤老温帮铁木真取下了颈上的枷，铁木真自当囚徒以来第一次睡了个舒服觉。

第二天醒来，铁木真向锁儿罕失剌道谢，锁儿罕失剌取过木枷叮嘱铁木真："给你取下木枷的事，你千万别乱说。若是被塔里忽台知道了，我肯定遭殃"。

沉白和赤老温看着铁木真，露出同情的眼神。铁木真忽然意识到，这应该是一个可以摆脱囚禁的机会。他曾几次三番计划越狱，但都被自己否定了。泰赤乌部地盘很大，他纵然逃出牢狱，也不可能逃出泰赤乌部的地盘。只有一个办法，那就是逃出牢狱后先躲在泰赤乌部的某个营帐里。可谁敢收留他？如今，他看到了潜在的避风港，那就是锁儿罕失剌一家。

能在情况朦胧不明时准确地找到盟友、贵人，这就是智慧。

有了这个基础，铁木真开始寻找越狱机会。机会总是为有准备的人大开方便之门。几天后的夜晚恰好是满月，塔里忽台命令大摆筵席。几十顶蒙古包炊烟缭绕，在月光下显得空灵虚幻。铁木真在每天展示的节目演毕后，被一个瘦弱的男孩看管着，他决心已定，悄悄地摸到男孩的身后，举起手上的枷，使尽浑身力气砸到了男孩的头上。那男孩"哎呦"一声趴到地上，铁木真一看得手，拔腿就跑。

由于身有枷锁，所以他跑得很慢，没出多远就听到那男孩像被门夹了尾巴的猫一样，凄厉地喊叫："犯人逃跑了"！

铁木真并未因被发现逃跑而惊慌，他冷静地思考，摆在他面前有两条可以逃跑的路线，一是进入密林，二是跳进鄂嫩河。可他马上就打消了这两个念头，泰赤乌部人多势众，进入密林肯定被搜到，鄂嫩河水深浪大，况且夜晚气温很低，他会被冻死。铁木真急中生智，看了看旁边河水内的一溜芦苇丛，跳了进去。

参加宴会的所有泰赤乌人已拿起武器，有的举着火把进入密林，有的在鄂嫩河边大呼小叫地搜索，时不时地向河中可疑的地方射上一箭。

其实，躲在芦苇丛里并非万无一失，只是和其他两条路比起来，相对比较安全。不过那天夜晚，月亮丰满，茫茫原野，亮如白昼，泰赤乌人很快就搜到了芦苇丛。

运气！

运气之神降临到铁木真身上，来搜捕他的人不是别人，正是拥有菩萨心肠的锁儿罕失剌。锁儿罕失剌看到铁木真浮在水面上苍白的脸时，先是惊骇——正如铁木真所料，他是潜在的帮手，接着就是怜悯。他环顾四周发现无人，就蹲下小声地对铁木真说："都说你智勇超群，所以才被塔里忽台捉来囚禁，如今看来果然如此。你不要动，我不会告诉其他任何人"。

铁木真如同抓到了救命稻草，当然希望稻草更坚硬些，他说："您一定要帮我"。

锁儿罕失剌正要说什么，后面来了一群人，他急忙站起来若无其事地迎上那群人，说："这地方我已搜过，没有。你们还是到各个蒙古包搜索一下吧"。

那群人看了看锁儿罕失剌忠厚的表情，转身就走了。

锁儿罕失剌见四下已无人，又蹲下来："你千万别动，他们还会杀个回马枪"。

果然一会儿工夫，那群人又挥舞着刀枪回来了。

锁儿罕失剌深吸一口气，迎上他们，以非常谨慎、非常沉着的口吻劝阻他们："这地方已经搜过，你们应该去那些没有搜过的地方。方圆几十里都是我们的人，他不过是个半大孩子，而且身戴枷锁，能跑多远？你们只要把所有地方都搜遍了，肯定就能找到他"。

这些人认为他的话很有道理，掉头去别的地方了。锁儿罕失剌见他们走远，第三次蹲下对铁木真说："他们不会来这里搜了，你赶紧逃走，寻你的母亲去。这件事万不可对其他任何人讲，切记切记"。

锁儿罕失剌说完这些，站起身来就走。铁木真不敢大声叫他，只能眼睁睁看着恩人的背影消失在月光里。

铁木真当然有话要和锁儿罕失剌说，内容大概是：救人救到底，送佛送到西。我现在身有枷锁，根本跑不出泰赤乌人的地盘，您不如把我带到您的蒙古包里躲藏起来，风声一过，我再走。

虽然这些话没有当面传达给锁儿罕失剌，不过铁木真逃跑之前已经下定决心，必须让锁儿罕失剌送佛送到西。他的办法是：

只要跑进锁儿罕失剌的蒙古包，这一家人就没有不救他的道理！

因为这是他从前几日和今天锁儿罕失剌的表现中总结出来的。

后半夜，人声沉寂，铁木真小心翼翼地从芦苇丛中爬出来，大致辨认了下锁儿罕失剌的蒙古包方向，跟跄着奔去。

泰赤乌部各营稀稀落落地分布在草原上，到底哪一个是锁儿罕失剌的蒙古包，铁木真早已胸有成竹。那天他在锁儿罕失剌家住宿时发现他家是制作马奶的，制作马奶需要搅乳器，如同今天北方人吃饺子前使用的捣蒜器，所以他一面走一面竖耳倾听，终于让他听到了这种声音。循着这一声音，他摸上了锁儿罕失剌的蒙古包。

他敲毛毡门，锁儿罕失剌打开门，看到了狼狈不堪的铁木真。不禁又惊又怒："你怎么跑这里来了，我不是让你回家吗？"

铁木真不出声，锁儿罕失剌的两个儿子沉白和赤老温急忙把铁木真请进来，对父亲说："麻雀已逃出樊笼，藏于丛林，丛林都会遮蔽拯救它，现在惶惶的铁木真到来，咱们连丛林都不如吗？"

不等父亲回答，沉白和赤老温就把铁木真拉进蒙古包，去掉了他身上的枷锁，并且扔到火炉里烧掉，毁灭痕迹。锁儿罕失剌阴沉着脸，既对铁木真也对两个儿子说："塔里忽台明天肯定会全面搜索，各个营帐都不会放过，你看看这蒙古包哪里有藏人的地方！"

沉白说："不如给铁木真一匹马，让他趁夜逃走"。

锁儿罕失剌瞅了这个笨蛋儿子一眼说："他们现在全面戒备，只要听到马蹄响，就会循着马蹄印追赶，铁木真能跑过他们吗？"

赤老温的想法很成熟："只有等过几天他们松懈下来了才能走。我倒有个办法，等他们来搜查时可以把铁木真藏在羊毛车里"。

这是个不错的主意，其实也是唯一的办法。铁木真暂时押注成功。

两天后，塔里忽台的搜索队来了，他们搜遍了整个蒙古包，最后准备搜羊毛车。锁儿罕失剌装出一副冷笑的样子说：

"这么热的天，谁会傻到躲进这里，不被热死也会被闷死。"

搜索队看着小山一样的羊毛车，认为锁儿罕失剌说得很有道理，只是象征性地用长矛向羊毛车插了几下，就离开了。

锁儿罕失剌也吓出了一大身冷汗，他再也不想这样担惊受怕了，迅速打发铁木真逃走。他给铁木真准备了一匹马、一只烧羔羊、两壶马奶酒、一张弓、两支箭。蒙古人不吃生肉，《蒙古秘史》说，锁儿罕失剌没有给铁木真火镰（用钢做成的取火工具，形似镰刀），他的用意是，铁木真在没有火镰的情况下，必须马不停蹄地赶路，才能保证承受身携带的食物能坚持到逃出生天。当铁木真消失在地平线时，锁儿罕失剌才如释重负地松了一口气。这几天，他的心一直悬在嗓子眼，随时都会蹦出来；他的脑袋就挂在裤腰上，随时都会被人拿走。现在，他终于可以把心放在肚子里、把脑袋放到脖子上了。

幸运之神再度青睐铁木真，一路上，他没有遇到塔里忽台的搜索队。当他顺利来到家族扎营的地方时，已是人去包空。但这难不倒他，他知道母亲和弟弟们已经离开此地，只要循着人畜在草地上留下的踪迹，就能找到家人。

在几天的寻觅后，他终于在肯特山脚下和他的家人重逢。所有人喜极而泣，诃额仑怜惜地抚摸着铁木真的乱发和瘦骨嶙峋的脸。铁木真却满不在乎地说："我是蒙长生天的保佑才得以生还，虽然吃了很多苦，但这是一时的，积累的经验却是终身受益的"。

越狱事件锻炼了铁木真的行动力，自此后，他知道了何时行动，并且果断地行动。同时，这件事更使他的意志力如虎添翼。"意志力比黄金更宝贵"。多年后，他这样说。

八宝吉祥的结构特色

蒙古包独特的制作技艺，体现了蒙古族的审美观与高超的技能，有着不可替代的观赏价值和实用价值，同时兼具艺术价值和经济价值。

蒙古族文化源远流长、丰富多彩，特色浓郁、充满活力，而蒙古族装饰艺术是其重要内容。蒙古族是喜爱造型艺术并极具艺术鉴赏力的民族，他们注重对于生活美的营造。在祭祀、宗教以及日常生活中，喜欢将各类用品精心装饰，并乐此不疲。因此，装饰艺术与蒙古民族的生产、生活息息相关，无处不在。蒙古族传统文化中的八宝图案——轮、螺、伞、盖、花、瓶、鱼、肠，寓意吉祥和因果报应；"犄纹"图案表示五畜兴旺、牧业丰收；"万"字图案表示四季轮回、万年如意；"盘肠"图案则表示福寿绵延；"莲花"图案是爱情的审美隐喻和象征，等等。这些内容在精神的层面，反映了蒙古民族对美的事物及美好生活的向往，含蓄地表达了民族的性格和品德，具有一种内在的精神价值。

蒙古包独特的制作技艺，体现了蒙古族的审美观与高超的技能，有着不可替代的观赏价值和实用价值，同时兼具艺术价值和经济价值。蒙古人经过几千年的实践，把毡包的各个部件用精巧的工艺制作出来，使它有着独特的美感。从远处看，它像草原上一颗洁白的珍珠。走近一看，毡包上的花纹清晰美丽。蒙古人在制作毡包时，在顶毡、顶棚、围毡的边上，都要用驼毛和马鬃、马尾搓成细绳缝上去。在雪白的毡上镶上一条黑边，黑白分明，看起来非常美观。在围毡上箍紧的三条宽大的围绳，与其交叉的六条绳索，把蒙古包捆出一种独特的形状来。在顶棚和围毡衔接的地方，为了防止风灌进去，用皮条做成吉祥图案，在包顶缠绕一周，使毡包显得更加好看。另外，蒙古包的底部，用纳有云头花纹的毡子或刻着花草的木头，做成

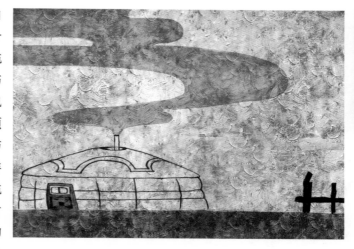

墙脚围子。蒙古包的毡子也很讲究，周边纳有各种花纹，中间是吉祥图案和云纹图案。蒙古包绣纳的毡门，也格外美丽。门头上的毡子或门框横木，也要绣刻各种花纹，增加美感，包顶的外罩更是占尽风光。外罩也叫"有腿的顶毡"。用外罩布苫上顶毡，把套瑙那么大的一片正好挖掉即可。有了外罩的蒙古包，从哪个方向看也是莲花瓣、云头花。外罩有红有兰，宛如红莲、青莲。有了外罩的蒙古包，比一般的蒙古包鲜艳夺目。

蒙古族在历史的进程中，深受佛教文化的影响。蒙古族往往以八宝为蒙古包的象征，且把八宝视为平安吉祥的象征。

蒙古包的乌尼是宝伞，也叫华盖。蒙古包的乌尼插到套瑙后呈打开的伞形。而伞是佛教仪仗器具，象征遮蔽魔障，守护佛法。虽然宝伞的大小不一，但构造相同。用黄白色或各种颜色的绸缎装饰伞圈，顺圈边用几尺宽的黄白色或各色的绸缎全盘下垂做伞罩。佛经说举过宝伞或看过宝伞的众生会增寿增福，宝伞象征着尊贵、高尚和权威。

蒙古包的门像金鱼的嘴，门扇像金鱼的眼睛。吉祥八宝中的金鱼是用金子做成的阴阳双鱼，叫作"阴阳鱼"或"吉祥金鱼"。蒙古族的文化意识中金鱼被视为有预知灾害的慧眼，是安宁吉祥的象征。

蒙古包的前后顶盖像莲花的叶片。吉祥八宝之莲花，藏语叫"巴德玛"，即生长于印度的白荷花。有着百瓣之称的白荷花既有雪白的颜色，又飘着清香，象征着纯洁。蒙古族的文化意识中

白莲花被视为清廉、平安、吉祥的象征。

蒙古包的颜色为近似白海螺的颜色。吉祥八宝中的白海螺以右旋转，右旋的海螺寥若晨星，所以右旋的白海螺最显尊贵。藏传佛教认为吹鸣白海螺会使上天喜悦，消除听者的罪孽，海螺象征着神圣。因此，蒙古人视之为驱除愚昧、清除世间一切秽浊的象征。

蒙古包的形状似宝瓶。吉祥八宝中的宝瓶，藏语叫"奔巴"，球形，用金、银、铜之类制成的盛物之罐，内炼甘露及宝石，宝瓶象征真理。在蒙古族的文化意识中，宝瓶也被视为如愿以偿、圆满吉祥的象征。

蒙古包的毡墙也叫"胜幢""旗帜"或"宝幢"，分吊幢和立幢两种。吊幢是指用五彩布缎一层层卷成环形缝制的筒状彩饰，吊挂在寺庙大殿内的屋顶和立柱之间触不到地面处。立幢是指刻有佛像和密乘的顶珠帽似的铜顶盖，下面有五彩布缎缝制的下垂彩饰。寺院正门外的两边悬挂着一对几丈高的桅杆。胜利幢是避邪除恶，一帆风顺的象征。蒙古族的文化意识中，把胜利幢视为战胜一切罪恶、带来永久幸福吉祥的象征。

蒙古包的套瑙象征的是金轮。金轮也叫"法轮"，寺庙大殿内部或顶部放置的铜或金银轮。它象征着佛经、佛书。在佛教文化中没有比法轮更有力度的东西了。所以，金轮是镇压一切邪恶的象征。蒙古人也认为法轮是镇压敌人或邪恶、普度民众的象征。

蒙古包哈那交叉形成的网格很像吉祥结。吉祥结也叫盘肠，象征着智慧和永恒。蒙古族文化意识中吉祥结是吉祥幸福的象征。

蒙古族把吉祥八宝图用于蒙古包的各种器具和哈达，也雕刻在石木上或绣在绸缎上，表达自己从善弃恶、平安吉祥的愿望。

别致美观的毡帐装饰

11

蒙古族远祖在太阳崇拜的影响下，形成了天圆地方的哲学观念，蒙古包的形状符合其哲学观念，蒙古包就是圆天苍穹的缩影，隐喻着游牧人天人合一的宇宙观和更为深奥的精神内涵。

"蒙古包里最常见的装饰就是照片、描金绘绣的箱子、蒙古包伞架的细工雕饰，再下来，就是床边、墙上，到处都见得着的刺绣。刺绣以白布做底，花样天真质朴，有人、动物、花朵，还有一针一线织出来的简单图案。最常见的就是马——奔驰的马、拴着的马、前足腾越的小马。蒙古族女性在刺绣的时候，最喜欢的图案就是马，因为那是她们骄傲的来源。"（提姆·谢韦伦《寻找成吉思汗》）

装饰是人类最古老的艺术形式之一，是人类特有的一种实践活动，同时也是人类用审美的方式把握世界的一种方式。

蒙古族的装饰艺术，作为民族文化的一个重要组成部分，不仅构建了一个丰富多彩的物化世界，还展示出富有草原特色的精神世界。装饰艺术的意蕴从哲学层面看，是思维内化的延伸，即思维表现的内涵向纵深拓展。因此，意蕴美可以说是一种诗意美。蒙古族远祖在太阳崇拜的影响下，形成了天圆地方的哲学观念，蒙古包的形状符合其哲学观念，蒙古包就是圆天苍穹的缩影，隐喻着游牧人天人合一的宇宙观和更为深奥的精神内涵。

蒙古包上所用的图案较多，其装饰部分主要在上部的盖毡、

用卷草纹与寿字纹图案组合，蒙古包顶部盖毡多用传统云纹、盘肠纹图案，以红、蓝色布贴花，绣制上述各类图案，醒目大方、独具特色。毡绣门帘制作精致，门帘多以犄纹、回纹图案作边缘纹样，中间作万字纹和寿字纹图案与顶部云纹图案呼应，形成十分别致、美观的毡帐装饰艺术。较大的蒙古包还设有盘龙柱子，视觉效果更为华美。

蒙古族装饰艺术十分注重线的重要表现作用。在装饰艺术中，线不仅是一种视觉元素，还体现出一种艺术特色。蒙古族装饰艺术充分运用了线的表现力。蒙古包的造型、轮廓、比例、节奏等形式，就是在长期的生活和生产活动中形成的，蒙古包的套瑙（顶部圆形开窗）、

乌乃（顶部木构件）、哈那（周边围墙木构件）和门等构件之间的比例适当，并不给人大小不一的比例失调之感。富有节奏感的乌乃和哈那的直线和交叉线，与套瑙的圆形开窗，产生线对比和

　　协调、形成统一变化的
视觉感受。此外，以白毛毡用马鬃和驼毛绳围固蒙古包时自然产
生了线的流动，使对称式的蒙古包产生了变化，给人以既统一又
有变化的感受。蒙古包以它独特的外形风貌和合理的内部结构布
局形成统一变化的毡帐艺术，成为蒙古民族伟大活力的象征。

　　蒙古族装饰艺术非常重视色彩的作用，色彩在装饰艺术中是
情感表达最为直接的语言。它具有一种形式的主动吸引力，使人
产生或热烈，或寒冷，或明快，或沉静的情感倾向。蒙古包的围
毡是用白羊毛做成，覆盖在套瑙、乌尼、哈那的外面。毛毡具有
保暖、不透风、不漏雨等特点。如果说蒙古包木质结构是其体，
那么围毡就是其衣，衣附于体。蒙古族自古以来崇尚白色，把白
色当作高贵、纯洁、善良、忠诚的象征。《蒙古秘史》中成吉思
汗封忠言相辅的兀孙老人以别乞官位并准许"骑白马，着白衣，
位坐众人之上"。蒙古人常常以白银来形容品德高尚、心地善良

之人，并将农历新年的第一个月称之为白月，至今，有些地区的牧民仍然保留着夏季穿白色单袍的习俗。蒙古人崇尚白色的观念，同样体现在蒙古包洁白的围毡上。这不仅是蒙古族对色彩的审美取向，也是蒙古人精神追求的体现。

在蒙古民族的衣、食、住、行之中随处可见运用刺绣艺术进行装饰美化。所以，刺绣工艺也是蒙古族装饰艺术中的重要组成部分。蒙古包的顶部和边饰以及门帘一般都要用贴绣的方法装饰，蒙古包地上铺的密缝毡子，也是绣有图案的毡绣工艺品。

丰富多彩的蒙古族装饰艺术像一面镜子，折射出蒙古民族物质和精神生活中最本质、最生动和最丰富的内容，蒙古族装饰艺术就是其传统文化艺

术的集中体现。从这些物化的文化艺术符号之中，我们可以体味蒙古民族的民族心理和审美取向，以及蒙古文化博大精深的奥秘。

金帐宫殿斡儿朵 **12**

按照鄂尔多斯长者们的说法，宫帐是成吉思汗患病之后，在野外休养用的行宫。可见宫帐是古代蒙古可汗的一种宫室，同时也是迄今世界上尚在保存的大汗陵寝之一。

古代蒙古贵族所用的蒙古包。叫作斡儿朵，又称宫帐。这种蒙古包容积很大。普通蒙古包高约十三四尺，宽五六尺。古时的斡儿朵则高大得多。《鲁不鲁克东游记》的作者以其亲身所见记

述十三世纪的这种蒙古包说：有的帐幕"可达三十英尺宽"，"一辆车用二十二头牛拉一座帐幕，十一头牛排列成一横列，共排成两横列，在车前拉车。车轴之大，犹如一条船的桅杆。在车上，一个人站在帐幕门口，赶着这些牛"。这种用二十二头犍牛所拉的巨型蒙古包是一种极富表现力的创造。

这种巨型的蒙古包就是所谓的行帐，也叫斡儿朵，即蒙古可汗的大帐，又被称作金帐，四面悬以垂幕，绣以金丝图案，帐内可谓辉煌耀眼。帐内四根雕柱裹以金衣，门阈（即门槛）也包之以金，金帐的门前，树以象征战神的苏鲁锭（即黑缨大矛），门内右侧设有酒局（包括酒桌和盛酒的玉制容器及饮酒的壶、杯等）。这样大型的金帐，少的能容纳几百人，多的甚至可以容纳上千人。

古代贵族用的斡儿朵富丽堂皇。

《黑鞑事略》徐霍注云："霆至草地时，立金帐，其制则是草地中大毡帐，上下用毡为衣，中间用柳编为窗眼透明，用千余条线曳住，阈与柱皆以金裹，故名。"《蒙古秘史》云："王汗毫不介意地立起了金撒帐。"撒帐即细毛布，此处为细毛布做成的金碧辉煌的巨型宫帐。这种经过装饰的宫帐也叫金殿。

旧时的宫廷里，妻妾多的，每个妻妾都会独立享有一个蒙古包。拔都汗（成吉思汗长子术赤之子）有二十六个妻子，每个妻子都有一个帐幕，还有其他的小帐幕，要设在大帐幕的后面，供奴仆们居住，大汗正妻的帐幕位于最西边，其他则按地位依次排列。

　　鲁不鲁克于 1254 年 1 月 4 日在蒙哥汗的斡儿朵之中受到接见，他在自己的游记中记录下了当时的场景："进去这个所在，有一个长凳，上置马湩（忽迷思）。他们叫我们的译人站在这个地方的附近，叫我们坐在另一个长凳上面，附近有若干妇女。这个所在铺满了绣有金星的毯。在中央，安放一个火盆，火正旺盛，用许多荆棘和茴香的根作燃料。这盆火是用兽粪引燃的。大汗坐在一个小床上面，穿一件华丽光泽的皮袍，似乎是海豹皮所制……"

　　在鄂尔多斯伊金霍洛旗成吉思汗陵后殿，安置着一排三座帐房。这种帐房的构造跟蒙古包大不相同：其哈那（花墙）为竖直木头所作，互不穿缀。其上有一名曰"衬肩"之木，哈那上端与乌尼（椽子）下端均插衬肩。乌尼上端通过顶部的哈勒嘎斯（为一倒扣的筐状物）微微向外弯出，下端则穿过衬肩向下弯曲。哈那的下边为一窝成矩形的木头底座，底座上凿有许多窟窿，可以把哈那的下端和门的榫头都铆在其中。哈那和乌尼都有固定的长度和规格：哈那高五尺，东、西、北面都是九根，南面有门为六根。

乌尼长六尺，角上的长六尺五寸。整个部件装配起来后，一座帐房的骨架就出来了，这就是嘎希。嘎希蒙上大毡，就成了宫帐。宫帐的顶部为一象征吉祥的葫芦形金顶（固定在哈勒嘎斯上），套瑙（天窗）开在前方。每年三月十八日成吉思汗陵祭祀大典中宫帐出游的时候，大毡外面还要罩一层橘黄色面料，上部套入缀有藏绿色流苏的顶盖，这就是金殿。

宫帐所以能保持这种独特的形式，是七百多年来，达尔扈特人遵循蒙古汗国的祭祀法规，世代复制辗转相承的结果。从它身上可以看到古代毡帐之民宫室的一种造型。按照鄂尔多斯长者们的说法，宫帐是成吉思汗患病之后，在野外休养用的行宫。可见宫帐是古代蒙古可汗的一种宫室，同时也是迄今世界上尚在保存的大汗陵寝之一。宫帐的造型与蒙古包略有区别。宫帐的架子，

是在哈勒嘎斯上插入乌尼并竖起哈那制成的，外形像人的脖子一样。鲁不鲁克称蒙哥汗的宫殿为"有颈发屋"。据《水晶鉴》记载："有天宫之帐曰宫帐"。宫帐上面呈葫芦形，葫芦象征福禄祯祥；下面呈桃儿形，桃儿形模仿天宫。现在成吉思汗陵寝地还保存有这种宫帐的造型。宫帐金碧辉煌，蒙古包用黄缎子覆盖，其上还缀有藏绿色流苏的顶盖，极为富丽，表现了蒙古民族特有的建筑艺术。

圣主的陵寝——成吉思汗陵

13

成吉思汗陵园，以它独特的建筑艺术和庄严肃穆的雄姿，吸引着众多的游人和拜谒者。陵宫里珍藏的文物史料，吸引了许多国内外专家学者，他们怀着极大的兴趣前来拜谒成陵，进行学术研究。

在鄂尔多斯中部伊金霍洛旗的甘德利草原上。耸立着一座具有蒙古民族传统建筑特点的宫殿，这就是闻名于世的成吉思汗的陵园。这里草木丛生，溪水萦绕，是成吉思汗生前亲自选中的葬地。"伊金霍洛"是蒙古语，意思是圣主的陵寝。

公元 1227 年 7 月，成吉思汗在征服西夏时病逝在甘肃清水

县的行宫里，终年 66 岁。按照蒙古贵族的传统习俗，葬礼是秘密进行的。因此，成吉思汗究竟葬在什么地方，说法不一。当时蒙古贵族的葬俗是，入殓处不设陵墓。在行葬时宰杀一只驼羔埋在陵前，让母驼看到驼羔被杀的情景。待到拜谒陵墓时，把母驼牵来。母驼一到驼羔被宰杀的地方，就发出哀鸣，人们就可以确定陵墓所在的地址。后人为祭祀成吉思汗，把他的宫帐安放在蒙古高原，就是现在的阿尔泰山和肯特山一带。在那里，有成吉思汗生前建立的八座白色毡帐，起名为"八白室"。成吉思汗的后代在八白室前祭祀。天顺年间，守护成吉思汗陵的达尔扈特部，进入鄂尔多斯草原后，祭祀成吉思汗的八白室随之迁来。清初，设立伊克昭盟，"八白室"就供奉在达拉特旗的王爱召，后来又迁至伊金霍洛旗。

　　据说成吉思汗西征时途经鄂尔多斯草原，他看到这里山清水

秀，水草丰盛，十分留恋。他对左右的人说："我死后可葬此地"。成吉思汗在西征途中病逝，部下将其衣冠、帐篷、灵柩运往蒙古故地安葬。在灵车经过鄂尔多斯草原时，车轮突然陷入地里，五匹骏马也拉不出来。这时，大家想起成吉思汗生前说过的话，就把他的陵地选在这里，并且留下五百户达尔扈特人，专门侍奉成陵，

成吉思汗陵园规模宏大，色彩绚丽，建在高台基上，台基的殿门前砌有阶梯，四周围以栏杆。整个陵园，雍容大方，分外壮观。它的主体是坐北朝南，有三个相互连通的蒙古包式的大殿，建筑面积一千五百平方米，分为正殿、寝宫、东殿、西殿、东廊和西廊六部分。正殿高二十六米，八角形，顶部如伞盖，金光灿灿。

上面用黄蓝两色琉璃砖镶嵌出祥云图案；下面是双层飞檐，飞檐下挂着蒙汉两种文字写的"成吉思汗陵"金色大字竖匾。东西两殿比正殿略低，装有单层屋檐。黄蓝两色琉璃瓦与陵宫的朱门白壁交相辉映，显得绚丽多彩。在正殿前方矗立着两根直刺苍穹的苏鲁锭，也就是作战用的长矛。中间放着六尺多高的香炉，上面挂着许多小铃铛，不时发出叮当响声，非常悦耳。这都使整个建筑显得肃穆、高雅。

成吉思汗陵的正殿里，有一尊五米多高的成吉思汗塑像。他头戴二龙戏珠帽，身穿金甲，半披蒙古袍，右臂贴身握拳，左手扶椅，表现出这位身经百战的民族英雄的威武尊严。

在正殿西廊，有一幅大型彩色壁画，其中有成吉思汗登基时

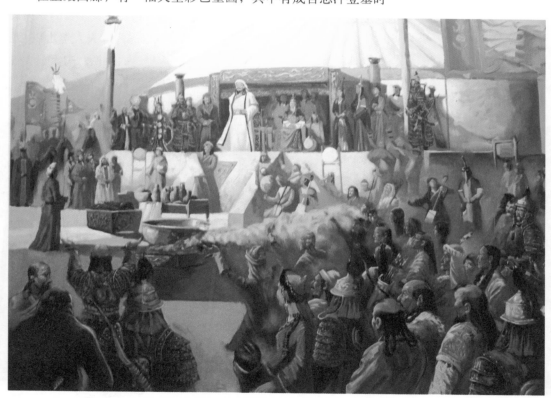

的场面。壁画表现了成吉思汗当上"众汗之汗"之后部落间的隔阂消除了，经济联系加强了，人民生活安定了，从而出现了团结一致，空前强盛的局面。从壁画还可以看到，成吉思汗在征服蒙古各部落的过程中，建立了军事、政治、护卫、官吏管理等制度，并且制定了法律条例，还命人编写蒙古族的通行文字。所有这些，都促进了蒙古族经济、文化的兴旺发达。在正殿的东廊也有大型彩色壁画，描绘了元朝各行各业繁荣昌盛的情景以及元朝和各少数民族和睦相处的史实。壁画中的人物栩栩如生。

在成吉思汗陵的西殿里，立着许多粗大的苏鲁锭。杆上还缀有红缨。相传这是成吉思汗生前使用之物。因此，被当时的蒙古民族视为神器。在东殿里，安放着成吉思汗的四儿子拖雷及其夫人的灵柩。正殿后部是寝宫，里边排列着用黄缎子覆盖的三顶蒙古包。中间那顶蒙古包的正中，安放着成吉思汗和夫人孛儿帖·兀真的灵柩。两侧是二夫人忽兰和三夫人也遂的灵柩。东西蒙古包内有成吉思汗两位胞弟的灵柩。

1939 年，日本军队密谋抢劫成陵。为保护成吉思汗的灵柩，

成陵先后迁往甘肃省兴隆县和青海的塔尔寺。路经延安时，延安
各界万余人举行了盛大的迎陵祭奠。谢觉哉、滕代远、王若飞等
同志参加了祭奠。毛泽东同志以及八路军总部和陕甘宁边区政府
献了花圈。中华人民共和国成立后，在党的民族政策的光辉照耀
下，根据蒙古族人民的愿望，从青海把成吉思汗的灵柩迁回内蒙
古的鄂尔多斯高原，重新修建了成吉思汗陵园。成吉思汗陵园，
以它独特的建筑艺术和庄严肃穆的雄姿，吸引着众多的游人和拜
谒者。陵宫里珍藏的文物史料，吸引了许多国内外专家学者，他
们怀着极大的兴趣前来拜谒成陵，进行学术研究。

努图克和古列延

14

看似迷信的经验，恰好印证了游牧民族对马儿的信任和亲爱。在他们的潜意识中甚至认为，只要自己的爱马喜欢的地方，就是最好的居住地。

　　蒙古族游牧社会中把居住的场地叫作"努图克"。努图克的含意既包括给蒙古包选址，也包括营盘和草场。四季轮牧的时候，要选择四个努图克；两季轮牧要选择两个努图克。选择努图克，通常也叫看盘。在北方，最善于选择居住场地的是达斡尔族。有谚语云："有达斡尔人家的地方用不着怕水灾"。他们选择居所的眼光和能力，常常让生活在旁边的蒙古族、鄂温克族羡慕。达斡尔人在选择屯落驻地时，一个重要的条件就是要依山傍水。屯

子北面依山靠林，整个屯落坐北朝南，东、西、南面要有开阔的视野，便于农林牧猎渔等多种经济活动。

蒙古族看盘主要从气候、水草以及疫病等方面考虑，既与经济方式有关系，也与生态环境有关系。春夏之交的游牧，看盘并不太讲究，草茂、向阳就行。夏营地要选择沙葱、柞檬、冷蒿、野韭、山葱等牧草丰富的地方，以及适合远望的高地。这样的地方空气流通，蚊蝇少，可避洪水。秋营地一般选择籽草丰富的地方，地貌上要考虑避风。草原上春秋风大，因此，要选择山谷或地势较低的地方扎盘。同时，地势如果太高，受风力的作用，草梗枯得早，这也是蒙古游牧民在秋营地选择低地扎营的一个原因。

冬营地的选择比较讲究，如蒙古族传说中的那样，好的冬营地恰如敞开蒙古袍端坐在那里的形状：它的背后是巍峨的高山，

它的前面是一望无际的草原。这样的所在，向阳背风，一览无余，令人心情舒畅。最好能在东西两边，特别是西边再有一座起伏的山梁，那么，这样的地方更是福地。冬营地的场所选好以后，牵马缓缓行进。如果马儿在什么地方撒尿，那一点便是扎包的最佳处。这种看似迷信的经验，恰好印证了游牧民族对马儿的信任和亲爱。在他们的潜意识中甚至认为，只要自己的爱马喜欢的地方，就是最好的居住地。

搭建蒙古包的时候，即便没有萨满在场，牧民们也会仔细调整蒙古包门的朝向。它大约被安置在朝南偏东 15 度的方位上。用萨满的话说，这是"天"的旨意。其实这是另一种地理学的系统语汇，蒙古族大部分生活区域地处西伯利亚的下风口，寒冷期极其漫长，而这期间一直是不变的西北风，自然蒙古包的门要朝向南偏东了。

选好努图克之后。就要定盘（下盘），也就是建立家园。这个家园是圆形的，称为"古列延"，蒙古人也称其为福圈——由几座蒙古包围起来，构成一个圆圈。它坐北面南，长辈的蒙古包要安在右边（西北），其他包依次安在左翼（东北、东），呈半月形排列。如果把长辈的蒙古包安在正北方向，其他人家便要从左右两翼依序住下排列，同样构成一个朝向南面的半月形。勒勒车和大牲口的棚圈，则依序摆放在西南、正南和东南，正好又构

元代绘画中的蒙古包

成一个朝向北面的半月形。两个半月形合而成圆。这个圆圈的中间是卧羊的地方，靠近包的一边是羊羔棚以及拴牛犊的地方，便于牧人对这些稚弱的生命加以保护。

在民间，蒙古包外多用树条木棒围成篱笆，形成庭院，勒勒车多的，也有的用勒勒车围成。一般院外有畜圈，院内设仓库。有的仓库用旧蒙古包，有的用覆盖着毡子的篷车。

12 世纪前，蒙古族处于血缘氏族阶段，全氏族共同生活，毡帐数百，列成环形，氏族首领的毡帐居于中央，组成一个"古列延"，共同游牧，共同屯驻，形成了早期的蒙古族村屯。

12 世纪后，蒙古氏族社会迅速瓦解。游牧畜牧业又不适合大量使役奴隶，在辽阔的蒙古草原上，蒙古社会开始向早期封建制过渡。集体游牧方式的古列延为个体游牧方式的阿寅勒代替。以

氏族形成的村寨也逐渐变为以那颜阶级（封建主阶级）为中心的村屯。蒙古草原虽然辽阔，但每个氏族、部落、村屯都有自己的"禹儿惕"（游牧营地），明确规定了禹儿惕较严格的游牧范围。

古列延不仅是经济单位，也是军队建制的单位。早在十二三世纪蒙古人下盘的时候，就采用了古列延的形式。铁木真在成为大汗以前，组织了十三个古列延。这在《蒙古秘史》中也有记载。大迁徙时都以古列延而迁，以古列延而驻。一个大古列延由好多小古列延、几千几百铁车组成。只有以大古列延的形式迁徙或进驻，才能阻止敌人的进攻。蒙古人这种迁徙形式，一直延续到北元。

以浩特（两到三户人家）为单位的下盘，也是古列延建制的一种形式，但这是古列延的最小单位。只是把蒙古包、勒勒车、牛马等圈围起来，圈里面卧着小畜以防野狼的进攻。古列延或单

个的蒙古包都很整洁，倾倒垃圾或炉灰都有固定的地方，一般选择在古列延或蒙古包的东南低洼处，且垃圾和炉灰要分开倾倒，不能混淆。来客绝不可骑马直入古列延的圈中，也不可随意便溺在古列延的周围。

明末清初蒙古各部先后归附后，清廷对蒙古各部分而治之，规定了各旗的界线，不准越过自己的旗境进入他旗的领地，这样大游牧便受到限制，17 世纪末以后，就只剩下以浩特为单位、按照冬春夏秋的固定地盘，进行流动放牧这样一种形式，也就是小游牧。它既是蒙古人社会生活的一种模式，也是一种牧业生产的方式。由此可见，以浩特迁徙的形式，只有在社会秩序比较稳定的条件下才能存在。

一路温情的租房生涯

15

选好日子搭盖新包后，要在新灶火上举火，准备丰盛的食品，请左邻右舍来喝茶。来客将礼品呈上后，将哈达拴在附绳上，一位年迈的祝颂人，手捧哈达、银碗（银碗盛满鲜奶），高声吟唱《蒙古包祝词》。

蒙古人迁徙的交通工具主要是牛车，此外尚有驼车、马车等。苏尼特人17世纪中期后就用牛车、驼驮作为迁徙工具，一直延续到中华人民共和国成立初期。

迁徙时一定要选择好的天气。如去的地方不远，黎明时分就动手搬迁，日上三竿的时候就已经到了新的营地。一家之主在搬迁之前，要跟邻近的长者商议，搬到哪里合适，在什么地方下盘，该怎样准备车辆、吃喝，而且在搬迁的头天晚上，就要把家具都收拾妥当。

搬迁的途中，要是碰上其他的住户，这家的主人就要给搬迁的人家奉上迁徙之茶。由女主人熬好，连同盘子里的饼子一同敬上（一定要用现熬的新茶，据说要是把旧茶热了端上，搬家的这家人在新址上是住不长久的）。女主人要是在家忙家务，也可让孩子送锅来。看有人送茶来，搬迁人马要站住。年龄最长者先接茶，而后是牵驼子的女人。喝茶以后，奉茶的人家要向搬迁者祝贺。双方道别以后，奉茶的人家要从后面把剩下的茶洒在路上，祝福他们一路平安。

搬迁途中碰到的行人，一般从搬迁队伍的左面交臂而过，从老人开始一一问安。同时把左脚从马镫抽出来，互相寒暄着走过，代替下马问好。

搬迁途中遇上敖包，还要说一些吉利的话。如达尔哈特部族秋天返回途中路过春天经过敖包时，要说：我们去了什么地方，过了一个美好的夏天，又向冬营盘奔来，顺顺利利进去，高高兴兴返回。我那两个营盘，两个营盘间金色的标志——我那十三个敖包，您老人家可

吉祥太平？说完便把哈达系在敖包上，顺时针绕三匝而去。这种风俗，可能是古代自然崇拜的产物。

快到新址的时候，这家尊长要先跑过去，把一个签子插到早已选好的包址上。驼驮一到他便迎上去，把女主人的马鞍取下来，放在新址东边夫妻将要睡觉的床脚，一直到搭盖完蒙古包才能挪开。这可能是尊重妇女的一种形

式。在新址插签子的时候，要在灶火所在的地方，放一块支撑火撑子的石头。但忌讳在别人搭过包的地方插签搭包。

选好日子搭盖新包后，要在新灶火上举火，准备丰盛的食品，请左邻右舍来喝茶。来客将礼品呈上后，将哈达拴在附绳上，一位年迈的祝颂人，手捧哈达银碗（银碗盛满鲜奶），高声吟唱《蒙古包祝词》。说唱祝词的时候，要把满壶的鲜奶冲着天窗、哈那、乌尼等祭洒，或者把绵羊头、四根大肋、胫骨、尾骨等扎在红柳长棍的一端，以鲜奶为装点，向套瑙、哈那指点一下表示祝福。祝词说完，要把上述食品各取少许，作为德吉献在火中，将羊头放在天窗的东西横木上，把奶酪在坠绳上夹三天。毡包的祝词各地十分丰富，既有传统浪漫的成分，也有很现实很世俗的描述。既有古老历史的遗痕，也有当代新增的部分。既有固定的套路，也有即兴发挥，是非常富有艺术性的。

多元丰富的民俗传承 **16**

灶火在蒙古包的中央位置，是一个空间关系形成的象征和标志。它在蒙古包空间形成时起记数的作用，家庭的全部生活都围绕着这个地点进行。

古时，蒙古族迁徙没有中原汉地那么复杂，又要选日子，又要看风水，草原牧民的迁徙基本上是根据季节、气候、草场、牲畜和人的情况进行有规律的迁徙，是游牧民族适应自然并与自然和谐相处的体现，在长期的游牧生活中习得的关于草地生长知识或者自然观念成为蒙古包建筑的基础。人与自然融为一体，这也使得他们较少受到一些传统观念的束缚，从而形成豪放的性格和民族特性。

从过去到现在，蒙古包建筑的材料、结构、内部装饰、形式虽都有一定的变化，但并没有超出经验的范围，并没有更多建筑思想和原理出现，不过还是吸引了众多学者的关注，渐渐成为一个经久不衰的话题，究其主要原因，在于蒙古包不仅仅是技术的建构、实物的文本，也是北方游牧民族的文化文本。对于蒙古包的解读，更多的是为了进一步了解在这些地方性知识和技术形成过程中，是如何建构起居住者、宇宙和社会之间的关系的。从实用的角度来看，房屋使得人们能够躲避自然风雨的侵害，但房屋的效果既体现了一些技术的考虑，也体现了文化偏好。

蒙古包对于游牧民族的意义不同于其他群居的情况，在游牧经济中，由于草场载畜量的有限性，采用分散放牧的形式，不同蒙古包间相距甚远。蒙古包成为人们生活的重心，生命存在的依靠。一旦蒙古包被毁，生活则无所依托。无形中蒙古包与人经历了互相渗透的过程，已经浑然一体，不可分割。所以，把蒙古包的组成部分看作是人的生命的符号。门对应咽喉、灶火对应心脏、天窗对应头，就有了门槛不可踩踏，灶火置于包内中央等习俗和规则。

　　蒙古包作为民居，首先为人们提供了安身立命的庇护所，同时给人们以食物和温暖。更为重要的是人从出生起，便生活在通过家庭与外界、老幼、男女分开的空间里，使人们从很小的时候就开始学习，在做人做事过程中去获得社会普遍认可的方法和态度，而这种生活就是一个人逐渐进入社会化的完整过程。蒙古包

内部围绕着灶火划分了不同的空间方位，表达和编织了神圣—世俗、过去—现在、男人—女人、老者—晚辈、自己—外人的关系网。在这个不足几十平方米的圆形房子里，人们展开了人与人的伦理关系、社会关系，人与神的神圣关系，在有着共同的心理归属的社会里，人们本着共同的行为规范和谐地生活。

蒙古包内最为重要的神圣场所之一就是灶火。由于崇拜火神，把火作为一个家庭存在和延续的重要标志，是一个家庭兴旺繁荣的象征。于是，产生了对于燃烧着的火的种种禁忌。如：不准往火里扔不干净的东西，甚至烟头；不准敲打撑子；不能用剪子碰撞火撑子；不能把锅斜放在火撑子上；不能在火灶旁砍东西等。这些禁忌，都出自蒙古族崇拜火的特殊心理，认为激怒了火神会给自己和家族带来噩运。

灶火在蒙古包的中央位置，是一个空间关系形成的象征和标志。它在蒙古包空间形成时起记数的作用，家庭的全部生活都围绕着这个地点进行。

首先，以灶火为中心，它的西面为放置男性物品的场所，男性的生活用品，使用的生产工具，如马鞍、鞭子、嚼子、刷子等，男性一般也坐在西面。在灶火的东侧是女性活动的场所，女性的生活用品，生产时用到的厨具、餐具、奶桶等放在那里，且妇女在房屋的东面落座。蒙古族以西为上，男性区在西、女性区在东

的空间格局，反映了蒙古族男女之间的社会地位、劳动分工情况。其次，灶火是现时空间展开的起点，又是历时空间和时间的联结点，是祖先和后代之间联系的环节。因为，按照蒙古人的习俗，幼子是一家的火种继承人，他的名字后边加上"斡惕赤斤"的字样，意为火的主人。幼子就是继承父亲最珍贵的财产——火的人，这样，代与代之间的关系就建立起来，一个家庭得以延续，空间和时间以灶火为媒介得到了统一。同时，以天窗东西横木为界，即灶火的南方是世俗区，放置生活生产用具，北方为神圣区，供佛拜祖。所以，老者在正北神位或西方，幼者则在老者的下方（南方）。年长的人要爱护年幼的，而年幼的要尊敬年老的。空间上的规范给这种情感的形成提供了实现的方式。

　　蒙古包是展现宗教观念和信仰的空间。蒙古包从其产生起就与游牧民族的信仰，与他们心中的神是分不开的，如果起初是信仰建构了它的门的朝向、形状、颜色、装饰和内部的格局分布，那么，在这些都形成后，信仰赋予毡帐的神圣品质和力量，以一种宗教文化的力量对生活在其中的人产生着作用，使历史上形成并流传下来的关于宇宙的知识、对生命的态度以实物的形式，世代相传。同时，通过一样的房屋居住状况和围绕其展开的宗教活动，在一个社会内部的不同人之间形成共同的一致的精神崇拜，这也是一个社会凝聚力、社会秩序形成的基础要素。

　　蒙古包的形状和结构不完全是技术的选择，也是一种文化的选择。游

牧民族生活在茫茫草原上，一望无际，四周是天地相连的地平线，天地既有距离又相交，还能容纳人类及世间万物于其间，极易产生"天圆地方"的想法。这是他们产生的最朴素的宇宙观念，这种观念反映在民居上，所以，圆形的围墙和天窗的结构是对天的模仿。

游牧民族早期信仰萨满教，萨满教是一种多神崇拜的宗教，有天神崇拜、祖先崇拜、火神崇拜、日月星辰等自然物和自然现象的崇拜。萨满教关于宇宙结构的解释也渗透到蒙古包的结构之中。那苍苍的青天，像穹庐一样，笼罩在四方原野之上，这可以说是最直观、最朴素的宇宙观念。穹庐就是古代游牧民族认识的

萨满神衣

宇宙模型。它们的意义又折射在毡帐的形状、结构、内部布局、装饰等实在物上，赋予毡帐神圣品质和力量。

信仰萨满教时，屋内供奉的是"翁衮"，翁衮是用木材、羊皮、毛毡等制作成的祖先的象征，是附有灵魂的保护神。人们怀着崇敬的心情制作它，并通过仪式祭祀它。建立偶像和自己，和代表生产的乳房之间的关系，以求得它保佑着生产和生活的顺利和兴旺，为人们带来利益和护佑。约翰·普兰诺·加宾尼有过这样的描述："他们对神的信仰并不妨碍他们拥有仿照人像以毛毡做成的偶像，他们把这些偶像放在帐幕门户的两边。在这些偶像下面，他们放一个以毛毡做成的牛、羊等乳房的模型，他们相信这些偶像是家畜的保护人，并能够赐予他们以乳和马驹的利益。此外还有其他偶像，他们以绸料做成，对于这些偶像，他们非常尊敬。当小孩生病时，他们也用上述方法作一个偶像，把他捆在孩子的床上面。首领们、千夫长和百夫长，在他们帐幕的中央经常有一个神龛"。《鲁不鲁克东游记》也有关于偶像供奉的记载："在男主人的头上边，总是挂着一个像洋娃娃一样的用毛毡做成的偶像，他们称之为男主人的兄弟。另一个同样的偶像挂在女主人的头上边，他们称之为女主人的兄弟，这两个偶像是挂在墙上的。这两个偶像之间的上方，挂着一个瘦小的偶像，这是整个帐幕的保护者。女主人在他的右边，在他的床脚一个显眼的地方，放一塞满羊毛或其他东西的山羊皮，在他的旁边，放一个很小的偶像，面向他的仆役和妇女们。在妇女这边的入口处，还挂着另一个偶像，偶像身上有一个母牛的乳房，这是为挤牛奶的妇女们做的，因为这是妇女们的工作。在帐内男人的这边，挂着另一个偶像，偶像身上有一个母马的乳房，是因为挤马奶是男人们做的"。

13 世纪开始，蒙古族社会中景教、道教和佛教传入。根据记载，蒙古王子阔瑞皈依佛门，信奉喇嘛教，喇嘛教开始传入蒙古。但并没有很快在民间被接受。1576 年，俺答汗与索南嘉措会晤，

青铜翁衮

喇嘛教在土默特部和鄂尔多斯部及蒙古北部地区传播。北元时期，由于黄教在蒙古地区大为盛行，庙宇林立，每家每户祭祀神佛像。萨满教逐渐走向衰落，人们供奉的翁衮被喇嘛教的佛像取代，甚至在法律中规定："谁如果看见翁衮要取走。其主人如阻拦不给，罚要他的马匹"。

蒙古包建筑不仅是生活技术的建构，也是文化意义的建构，且二者又有关联性。蒙古包建筑发展中建构起来的技术和文化的一些具体内容和观念，可能已随着游牧经济的衰退，随着蒙古包建筑作为民居已经退出历史的舞台的发生，已经不再对人们发生作用。但它承载的文化意义，它凸显的审美观念、礼仪原则、价值观念、意识形态、开拓精神等还在潜移默化地影响着人们的观念和行为。使得它作为一个民族的族徽，仍然印在现代化的各类建筑物上。

热情洋溢的迎宾礼

17

蒙古人来到别人家作客的时候，很讲究文明礼貌。不论去的是什么人，要进的是什么人家，趋近浩特的时候一定要勒马慢行。

　　"凝结岩浆的后头，是一个堰塞湖，也就是我们午休的地方。湖边扎了四个蒙古包。醉酒的人迫不及待地领着我们朝蒙古包奔去，好像知道里面有人在欢迎我们。蒙古人迎接宾客的礼仪大同小异：多半是一进门，先吃点东西，然后痛饮马奶和马奶酒。靠白煮羊肉、又淡又冷的薄茶过日子的寒冬已然过去，如今是繁茂的短夏，马、羊的乳量正充沛。在食物如此丰饶的时期，好客的蒙古人说什么也不会怠慢客人，外出远行的人大可放心。我的做

法是先在蒙古包外盘桓,等到有人招呼,再走进蒙古包。"(提姆·谢韦伦《寻找成吉思汗》)

蒙古人来到别人家作客的时候,很讲究文明礼貌。不论去的是什么人,要进的是什么人家,趋近浩特的时候一定要勒马慢行。如果打马飞跑而来,家里的人就会笑话他。甚至看家狗也会不耐烦,跑上去把他赶走。尤其忌讳骑马冲进浩特,或者是从西南绕到马桩跟前下马,女人要从东南绕到人家东北下马。不能从门前骑马横穿,更不能从门前奔驰而过。这种风俗,是出于对主人尊重。旧时,谁要从王府门前驰马横过,就要捉住用鞭子抽打,也是源于这种礼俗。这是平日的情景,但在正月白节,却讲究雷厉风行、长驱直入。马不停蹄地飞跑到马桩跟前才下马,这才被认为是吉利的。

　　客人除把马拴在桩上外，也可以把马绊在离包远些的地方，绝对不能拴在主人家的蒙古包上，但可以把马拴在羊圈门上，不能在正南或正东下马。这与蒙古人崇尚马的习俗分不开。骏马是男人的伙伴，寄托命运的载体，所以应该拴在蒙古包西北，这与苏尼特牧人把禄马安插在蒙古西北的礼俗是一致的。如果是女人，一个人来到牧人家里，要在离浩特远一些的地方下马，家里的女人们要出来迎接。骑骆驼的人来到人家浩特的时候，要在蒙古包西南、正南或棚圈南面下鞍。送新娘的女方亲朋回去的时候，要把新娘骑来的马，用双绊绊好留在蒙古包东南。

　　正月里的客人一群一伙跑来，主人家的小伙子或半大小子要

一起出动，把长者的马一一接过来拴好。因为家里的男人们都出去拜年，留在家里的女主人顾不上迎接那么多的客人。家里的人要是参战、拉脚、打猎出去走了很长时间，归来时亲人们要迎出浩特，问道："平安归来了吧？"

特别尊贵的客人或高龄长者登门，主人要迎到马桩跟前请安以后，把他从马背上扶下来，替他将马牵了，放松捆肚，把扯手挂在马鞍上，替他拴在马桩上。如果主人跟来客辈分相当，只在门口迎候就可以了。如果主人年事很高，就不必出迎，可以在家等候。客人进家以后再站进来，或者跪起一条腿迎客就行了。

客人在马桩下马以后，要一边向蒙古包走，一边和主家相互

问好，端庄稳重地径直走进毡包。特别是老年人要清清嗓子，从容而有风度地走进毡包。如果带着褡裢，应该把它拿在左手上。如果同来的客人较多，年轻人要等齐老年人，让老年人在前面走，自己跟在后面，不能走在老年人的前头。如果并排走路，为小的要走在为大的左边。如系垂垂老者，同来的客人或主人要从左边搀扶他，孩子们要在右边行走。进门的时候，不能喊喊喳喳地说话或嘻嘻哈哈大笑，态度应端庄严肃，切忌背抄着手或打着口哨行进。这种做法不尊重别人也不尊重主人，大家认为你这是骄傲自满、行为轻浮。如果在人家的棚圈门口下马，就可以直接走进毡包。如果在住宅的西北下马，一定要从西面

绕到毡包门口，不能从毡包的东面进去，这是蒙古人以西为上形成的习惯。再者不能从主人放的东西上面跨越，一定要绕开。如果是套杆、马鞭之类挡在路上，就要挪开或绕行，这是为了避免冲掉主人的时运。如果看到主人门口挂着红布条一类的东西，说明里面有产妇或病人，不能进去。如果大白天盖上顶毡，更不能闯入，因为家中有人去世还没有出殡。

不论是本浩特的人，附近的客人、老人或孩子，平素或喜庆吉日，进别人家以前都要把帽子、扣子、腰带等收拾齐整，将袖子、刀鞘、下摆放下来。不论什么人，免冠或光头进家被视为大不敬。如果冬天系着帽带走来，要把帽带解开。在正月或婚宴上，可以不把帽耳朵放下来。只有把到场的人最后送走，回家的时候才能摘帽子。

敞着前襟领口进家对主人不礼貌，所以一定要把领子等扣好，把掖在腰带里的刀鞘、火镰等放下来，才能走进毡包。不论什么人到谁家，都不能捋起袖子，因为只有仇人或专门挑衅的人才这样做。也不能撩起袍子进去。从前，把逝者葬到野外以后，回家的时候要把两片下摆撩起，把头发摸一下，表示已与死者诀别。所以不能撩起两片下摆进别人家。进包的时候要把随身携带的东西如马绊、笼头、缰绳、套索、绳子等放在外面，不能系在腰上走进毡包。古代法官依法捕人的时候，要在哈达上放上缰绳走进犯人的家里。如果把马绊缠在腰里走进毡包，主人要把马绊解下，

结好多疙瘩，并且别住。客人如能把这些疙瘩都解开，主人方把马绊还给他，否则，只有扔下马绊走他的路。

旧时，进主人家的时候，还忌讳把武器弹药带入。因为这些东西都是对付敌人的，拿着它们进家，等于把枪口对准主人，主人自然十分忌讳。如果把枪放到外面怕出事，就要征得主人同意，枪口冲外、枪托朝里拿进包里。骑马的人或骑骆驼的人来了，不能把鞭子带进毡包，要把它夹在包外西南的衬毡里，或夹进蒙古包上面才能进家（骑马的人鞭子挂在马上）。

进别人家里要分先后和长幼。不论平时还是节日、婚宴等场合，一定要让长者先进。客人和生人来到门口的时候，如果客人较多，一定要让最长者先进。客人来到门口，家里人不能从门缝向外窥探，或者与客人交臂而过。主人站在门口向客人问过好，

把门帘撩起，右手掌向上摊开，左手臂屈回来，手掌向上靠近心的部位，腰一躬说一声："请您光临！"让客人进包。主人如果比客人年长或辈分相仿，客人要谦让主人先进包。不过让来让去，还是客人先进去。客人中如有王公贵族官宦之人，虽然年纪尚小，也要让其先进。客人中长者进家以后，其他客人要按辈分大小，依次进入。

掀毡门、迈门槛时，要分先后、尊卑。蒙古包毡门的东面是里首，西面是外首。进蒙古包的时候，只能从里首进，不能从外首进。蒙古包的门，通常指的就是毡门。以前牧区只有毡门，没有木门。木门一般叫"哈勒嘎"。哈勒嘎在晚上或外出的时候可以闩住，白天哈勒嘎不关，出入的时候只撩门帘。毡门不仅可以

从里首外首出入，还可以向上卷起放在蒙古包上。近代蒙古包才安上木门，木门只能从西开门。但蒙古人还是按过去的老规矩，按门槛左右分宾主的位置。贵客、老人来的时候，主人用右手掀门——掀门的东面（左首）。如果掀门的西面，就是逐客的意思，所以忌讳从西面掀门。客人进门的时候，要从东面掀门，从门槛的东面进入，但不能踏住门槛。客人如系白发长者，要用右手把门头的里侧抹画一下再进入。来客如系政府官员，可以从门槛正中跨步而入，其余任何人不得如此。进门的人不论家人客人，僧俗男女，平日节日，一律从门的左首、门槛的东面跨入。家里人向外窥伺的时候，也不能从门右首来瞅。

18

依依不舍的送别情

客人来到主人家，一般应当从容就座，吃饱喝足再辞行。如果客人特忙，有事来到主人家门口，不进家就走掉是不礼貌的。一般得进家把事情讲清楚，尝过奶食再走。

家里来了贵客，全家人都要出迎。随着狗的叫声，孩子们会首先跑出来，看着有人来到他们家，便回去报告大人。除了那家的最长者，别人都要赶紧出来迎接，有时候还要走出浩特迎接。迎客的人自己要衣服整洁，围上头巾，戴上帽子。如果迎客者中间有年长的人，客人要早些下马，拉着马往过走。如客人是长者，迎客者要在客人下马的时候迎上去，把马牵过来，替他拴好，如果有褡裢，要帮客人解下来。即使迎客者是他的哥姐一辈，也要

上去为他拉马。不论是客人或迎客的人，除了未出嫁的姑娘和未成年的孩子，都要向长辈一一屈膝请安。

　　如果是平常经常交往的人或附近孩子来到门上，家里的孩子或女人跑出来把狗看住，问好以后迎进家里就行了。如果外面来了人，家里的人不知道，客人就喊："看狗！"或者咳嗽一声给个信号。不能冒冒失失闯入，或者敲人家的门，更不能从门头上向里窥探。如果出去倒灰或倒水的时候，正好碰上客人来了，就要闪到毡包旁边，或者放到门背后，等客人进来坐好，再拿出去倒掉。

　　客人进家的时候，要一一向比自己辈分大的人问好。客人进门的时候，主人如来不及扎上腰带，也一定要扣住蒙古袍的三只纽扣，不要敞着怀迎接客人。进来的客人如系长者，主人应当站起来迎接。

客人来到主人家，一般应当从容就座，吃饱喝足再辞行。如果客人特忙，有事来到主人家门口，不进家就走掉是不礼貌的。一般得进家把事情讲清楚，尝过奶食再走。如果正好碰到人家融化酥油，分离酸奶，客人要等到酥油融化、酸奶分离再走。如果遇上人家正酿奶酒，要等人家酿造出酒来，趁热尝过奶酒，对奶酒祝颂一番再离开。如果事急等不到奶酒酿成，也要在火撑里加进一块干牛粪再走。如果是德高望重的老人，说了一些吉言祥语辞行，家里的孩子们和女主人要同时站起来，在前面为客人领路。起行之际，长辈未动晚辈不得先动。长辈动身的同时，晚辈客人和所有家人一起站进来，由晚辈在前导引出门。出门时不能从当头正面穿行。坐在西面的客人，要小心翼翼提着袍襟绕着火撑圈（火撑拦墙）的东面出门。不能让袍襟扫着水桶、牛粪箱子之类，也不能践踏火撑木框、火剪等物。如果客人是长者，全家大小都要送行。如果家长年事过高，可以不必站立，对客人表示"坐送"就行了。客人出门的时候，女主人要把勺头跟锅分开。如果勺头还放在饭锅或茶罐里，家长就要提醒："不能把勺头另放过！"

或者客人一出门就把勺头扣过，或者拿出来放到一边。否则据说对活计有碍。出门时不能让脊背对着灶火长辈，故要退着或斜着出来。从门的东面缓缓撩起毡门，脚不要碰着门槛出来，再把门帘（毡门）慢慢放下。如果是贵客或长者，主人一定要先出来为他们撩起毡门。

不论什么客人出门，

家人一定要先出来为其看狗并送行：一般客人或初识者送出门就可以了。尊贵的客人、年长的客人、远方的客人或亲近的客人，一定要送到马桩上，甚至要送得更远。由于被送客人的不同，送客的规模也大小不等。有全家人甚至全浩特的人送行的。送长者、贵客的

时候，晚辈们一定要跑在前面，为其拉马拽镫、整鞍捆肚，捉住骑乘扶他们骑上。送者要说："好走！"把右手向上举起来，或者把两只手掌先向客人举起又举向自身，欢迎客人再来。手掌朝着客人送行，则为失礼之举。临走的客人要向主人表达感激的心意，说句祝福的话，而后慢慢走开。

在通常情况下，客人离开主人浩特的时候，先缓缓而行，逐渐加快速度，小走大颠地越走越远。若是正月来拜年或是参加婚礼的人，离开马桩时走得较慢，一离开浩特便奔驰起来。平时这样做，却是不礼貌的表现。送客者要站在那里，目送客人很远，方把狗放开。一家之主或子女、亲戚要去远方打猎或出征的时候，家中的长者或女主人要朝着远行者的背影献洒鲜奶，祝福他吉祥而去平安归来。女客人要送到浩特外面，女主人牵着马，与客人一起慢慢边走边唠，送出浩特好长一段距离才返回去。

进包落座讲规矩

19

民间格言说："不学书也要学坐"。在蒙古包中如何就座，历来被看作是学问和大事。

自古以来，蒙古人对于坐包就有清楚的划分。很早的时候，男人坐西面，女人坐东面。当时东面是尊位。古代蒙古人与别的民族一样，有过一个母权制氏族社会时代。那时的人崇拜太阳，把太阳升起的方向看得特神圣。因此便把东方让给了占统治地位的女性。当社会发展到父权时代，又把西方当成尊位。这样虽然男女的座位没变，但尊卑关系实际已颠倒过来，家中的男人们，按照辈分高低、岁数大小在西面由上向下排坐，东面女人的座次也按此规矩类推。北面和南面又有特殊的划分：毡包的正北方唤作金地，为一家之主的座位，也是他的专利。即使自己的子弟，也不能坐于正北或西北。只有当他成为一家之主或建立新家的时候，才能继承或取代父亲的座位。举行婚礼、新居落成时，最先落座时让新女婿坐在当头正面，让新娘端茶，摆上奶食。新郎在品尝妻子端献的茶、奶的同时，祝颂人便吟唱道：

坐在宽敞毡包的首席上

有诺颜似的基业

有巴颜似的地位

不过，这只是为了祝颂的目的临时这样做的。父亲如年事已

高，就要把家里的权力交给已经成家的儿子，让其坐在正面，自己坐在西北面。如果父亲早逝，儿子不论大小，母亲也要让他坐于正面。

蒙古包的门口一般不坐人，尤其是客人，没有在门口就座的道理。只是有时人多，间或让孩子们坐在那里。

客人在蒙古包中的座次，与上面家里人的坐法相同。普通客人中的年轻人不能越过套瑙横木以北，长者则一定越过横木以北就座。主人如果请上座的话，则表示对客人的尊重，客人就要上去坐到西北或正北。不过一般不坐在西北面佛桌或箱子前面、灶火的上面等地方，表示尊重那家的神佛、祖先、香烟、门庭。

女性来客卷起袍子下摆，从东面绕过灶火坐于东北面。东面一般留给女主人烧火做饭用。长辈女客要越过套瑙的横木就座。来客如系喇嘛，就要坐于西北佛桌前面。如系专门请来的喇嘛，须坐当头正面。从蒙古包西面进来的人，不得越过北面的纵木以东。从蒙古包东面进来的人，不得越过北面的纵木以西。不论是进出的客人，都不能横切纵木而过，以示对主人门户的尊重。客人在包上分东西落座的时候，要按年龄大小、出身尊卑、亲戚远近等，从上往下依次排列。如果在喜庆宴会或某种机会，舅舅应坐上首、叔叔坐在下首。想来可

能是母权制习俗的遗风。出嫁的姑娘回娘家的时候，母亲要尊女
儿上首落座，因为姑娘已成人家的人，所以要当客人看待。还有
让外甥上坐的礼俗，据说不让外甥上坐，福禄就会减少。婚礼上
的座次与平时不同，男方的亲戚朋友坐于包西，女方的亲戚朋友
坐于包东，双方主婚人坐于正中，主婚人入座以后，双方的亲朋
各依年龄、辈分等顺序落座。

　　民间格言说："不学书也要学坐"。在蒙古包中如何就座，
历来被看作是学问和大事。不论什么客人，一进别人家一定要单
腿盘坐。主人家不论贫富、尊卑，来客不论长幼、官民、亲疏，
一律如此。包西就座者，应屈左膝；包东就座者，应屈右膝。不
仅客人要这样坐，主人看见客人进来以后，也要采取这一坐势，
坐于迎客的座位上，以示彼此尊重。单腿盘坐就是表示友好、礼

貌的正经坐法。孩子、青少年在老人跟前，不论在家里还是出门，都要采取这一姿势。只有长者同意随便坐的时候，才可以有别种坐法。女人在客人面前，无论什么时候也采取一蹲一跪的姿势，以示对客人尊重和友好。来客向主人问好寒暄一番，尝过鲜奶，才可以盘腿大坐。正月、喜庆、婚宴时全是单腿盘坐。婚宴上主婚人放话以后，大家方能盘腿大坐。

盘腿大坐是一种自由而讲究的坐法，是仕官、长者采取的坐势。晚辈人只有征得长辈同意后，才可以这样落座。孩子们在客人不在的时候，或者在自己家里，可以盘腿大坐。但是女人从来

不能这样落座，这是由尊重客人、长者、丈夫的习惯形成的，至今未改。喇嘛不论在何时何地何人面前，只要念经就要盘腿大坐，不能让脚掌朝向佛爷，不能让坐在佛像下面的长辈人看见脚掌，即将右腿放在左腿上面，把右脚掌藏在左腿弯儿里。

正月向父母、亲戚、长辈拜年的时候，要展开袍襟下跪。其他场合一概不跪。

蒙古人垂腿而坐的机会很少，只有坐在被桌上的时候才采取这种坐姿。也有家里人或来客闲暇时才这样落座的。垂腿坐的时候，两脚要并垂，眼向灶火平视。在蒙古包里坐久了，可以把腿伸出来坐坐。但在婚宴上或去别人家拜年时忌讳这样坐。伸腿时要朝包西南边或东南边，不能冲着佛像、灶火和别人。更不能在客人面前脱靴子。

斜坐、蹲坐（俗称圪蹴）、叉腿坐都不是规矩坐姿。尤其叉着腿坐会令人耻笑。家里也忌讳蹲坐。俗语曰："虽然累也不能挂鞭子，纵然忙也不能蹲下坐。"来客不能蹲坐，家里人在自家也不能蹲坐。

客人进家落座的时候，要端庄谦和，袍襟要平展，不能叉腰、伸腿或倚物斜坐，否则便被视为不恭。来客如果较多，落座后要与主人交谈，客人相互间不要交头接耳、嬉戏调笑、怪声尖叫，或随便摆弄人家的玩物乐器等。要咳嗽或打喷嚏的时候，要朝一边或转过头去，用衣袖或手掌掩住口鼻，不要面朝锅灶和别人。

当着客人的面，主人不能把锅勺弄得山响，也不能打骂孩子或打骂猫狗。客人也不能在人家家里打呵欠、打嗝，更不能打口哨或背抄手。

客人出包，不能从其他任何人（包括孩子）脸前走过，给个脊背。征得对方同意后，可从其背后、面朝前往出走。对方要是同意，会向着灶火前欠身，背后留出空隙，让其过去。出去的人看见脚下有帽子或家具，要拿起来置于高处，也不可踏人袍襟，要沿着包的墙根出去。如果坐者朝后一仰，对出去的人就说："不要紧，不要紧。"出去的人可以从前面出去。但一定要收拾袍襟，瞻前顾后，脊背不能直接对着灶台或在座的人。客人回来以后仍入原位坐定，不能交换座位。高龄长者或官宦之人要出去，在座的各人都须起立，为其让路。回来的时候，也要一同起立让路。不过，老年人总是说："你们不要都站起来！"不让大家站立。

婚宴上的坐法更加严格。没有取得主持人的同意，不能随便互相交谈、出入、敞开衣襟或倒坐。坐的时候，不能扎紧腰带把蒙古袍掖起来，不能把帽耳扇放下来，把靴靿子翻过来。宴席进行中想出去，男人要说："看看马就来"。女人说："挤马奶的时间到了"。主持者同意之后方可出去。出去的人回来以后，要告诉主持者"回来了"，而后入座。婚礼上的这套规矩，谁要违犯一项便要罚酒。

来客就寝有安排

20

牧民一向晚睡早起，这是由从事的经济活动决定的。尤其是在夏季，当东方发白、晨鸟初啼，牧马人便去牧马，牧羊女便去挤奶。

蒙古人平日在自家睡觉，主人及其妻子睡北面，家中长者睡西面。如果有调整，需要在东面睡的话，一般让女人睡。客人来了以后，要把最好的地方让给他们睡，即睡北面或西面。自己人瞅个空隙，睡在边上或东面。夏天也可以睡在外面。北面和西面

的划分是：老年客人、尊贵客人、至亲长者、官宦之人睡北面，普通客人睡西面。东面除自己家人外，一般不让客人睡。这不仅是对来客的尊重，也是从实际出发的结果。如果客人睡在这里，女人们早晨起来生火熬茶多有不便。门口是出入之道，别说客人，家人也从来不睡。

所谓在毡包睡觉，主要指夜间。因为蒙古人从来不在白天大铺二盖睡觉。为了消除疲劳，需要小睡的时候，可以靠着包边，和衣而卧。卧于西者枕其左臂，卧于北、东者枕其右臂，只有贵客才授之以枕，临时打个盹就行了。

贵客在离灶不远的地方腾出空间，置枕而卧，不可让其睡在墙根。同时在他头上（挨灶的地方），也不能安排别人睡觉，要睡的话只能睡北墙根。

就寝时不论客人家人，不能将脚伸向佛爷、灶火，也不能把腿伸到别人头上。睡在西面的人头朝北，睡在北面的人头朝西（佛像的位置），睡在东面的人头朝北。如家中东西很少，无神佛像，空间较大，大家可以一律头朝灶火，脚朝毡包边缘。拉脚、倒场住帐篷时，也应头朝灶间。这是由于蒙古民族自古以来崇尚火的习惯决定的。夏天在外面睡觉，也不能冲毡包伸脚。野外露营，头亦朝北或朝西。

冬季，睡在蒙古包里，牧民的睡法是：把皮袍裹成被筒状，和衣趴下，在里面掉过身，褪掉皮裤一半，折压在脚下，上面压上皮被，掖好边角，不能让皮衣里原有的热气跑掉。这样才能睡个暖觉，如散掉皮衣里的热气，就再也不可能暖和过来，甚至被冻得无法入睡。

牧民一向晚睡早起，这是由从事的经济活动决定的。尤其是在夏季，当东方发白、晨鸟初啼，牧马人便去牧马，牧羊女便去挤奶。冬日夜长，睡得更晚。晚上，火撑上炖着肉，男人拧马绊、笼头，女人缝衣做袍，孩子玩羊拐，老人们叙话，直到夜明星上来才吃饭睡觉。睡时，须给来客专门铺新毡，准备好枕头被褥，请客人入睡。来客、长者、主人睡下以后，其余家庭成员才择隙而寝，不得先于客人而睡。客人就寝时摘帽的工夫，家人将帽子接过，放在枕头下面。脱下靴子，靴脸朝灶并排竖放。也有枕靴而寝者。这些礼俗，不限于客人，家人也是一样。枕靴而寝时，靴脸（鼻儿）朝着身体，靴帮子撅起来，上面垫上腰带。一般是由于家中人多，枕头不够，或野外睡觉不便带行

李所致。可能也跟祖先的长期游牧和战争环境有关，如夜间突然下雨刮风，狼闯入羊群，马被突然套住，或打仗开火，种种不测之一发生，能够很快穿衣着靴系带戴帽，不至于措手不及，败于无备之中。

　　贵客或老者躺下以后，家中的女人或孩子，有给从盖腿苦脚的习惯。当然限于冬天，用皮被子皮袍苦盖。到了睡觉的时候，开始须脸朝灶间，不可背过脸去。家里的女人们把干牛粪撮回来，加好火，将顶毡放下，最后才睡。别说女人们，就是青少年也不能在客人面前赤身而坐，或披袍而坐。客人早上一起来，主人便问："睡好了吗？"介绍当天的天气如何，开始接谈。客人也要说："睡好了"，以表达喜悦和感激之情。

拆装毡包很省事儿

21

据喀尔喀的搬迁风俗，套瑙要在所有东西装车完毕以后，才能最后离开毡包的旧址。他们认为支撑火撑的三块石头是香火的起源。因此，搬迁的时候，要用它来开道。所以要把其中向南的那块石头挪动一下，拿到离另外两块较远的地方放过。在很早的时候，这块石头大约真的要一同搬走。

　　蒙古包拆卸的顺序，正好与搭盖时相反。把苫毡的带子、围绳的活扣解开，外面三层围绳取掉（也有揭掉外顶棚苫毡再解外围绳的），一根一根盘好（以备将来使用时方便），把它放到牛粪筐里。这时包里的内围绳还不能解（外、内圈绳的活结都在包里，千万不能解错）。拆卸蒙古包的时候，首先要把顶毡取掉，抖落上面的尘土，放在包北较远的地方（苫毡取下来的时候，通常要打掉上面的尘土。蒙古包一年搬家五六次，所以毡上、架木上烟尘很少，家里显得明亮）。取掉顶毡以后，从顶棚起开始拆卸（扒毡子）。扒时要先扒压在上面的那层。后面外层的顶棚先取，前面外层的顶棚后取。打扫过尘土以后，将带子放在里面。将顶棚左右两边对折起来，上面的部分再窝（折）回来（再搭包放顶棚时，用杆子把它照原样挑在前后架木上，一展开正好把乌尼苫住）。扒掉顶棚外面的毡子以后，把围毡上边的抽绳解开，把西北、东北的围毡扒下，就那么竖着折进来卷好放过。苫毡如此这般全扒光，便开始拆卸蒙古包的架木。最先取的是套瑙（天窗），最后取的是门或门框。取套瑙时，先将压绳解开，把内围绳稍加放松，套瑙才能取出来。联结式套瑙与插椽式套瑙卸法还有点不同，拆卸联结式套瑙时，先把横木纵木四个头上的乌尼拆几根，而后把乌尼下面的绳环解开，内围绳解开，把套瑙用围绕火撑的乌尼顶住，固定在那里。拆卸插椽式套瑙时，一定要有一个人把套瑙捉住。内围绳放松的时候，乌尼就自然跟着散架，一根一根抽出来就行了。套瑙一卸下来，把拴每个哈那的绳子解开。哈那折叠缩小以后，一片跟一片连在一起叠放，这样再捆扎时就方便了。哈那的拴绳解开以后，卸哈那片时从西开始，最后将门框取下。

喀尔喀的搬迁风俗，套瑙要在所有东西装车完毕以后，才能最后离开毡包的旧址。他们认为支撑火撑的三块石头是香火的起源。因此，搬迁的时候，要用它来开道。所以要把其中向南的那块石头挪动一下，拿到离另外两块较远的地方放过。在很早的时候，这块石头大约真的要一同搬走。

蒙古包迁移的时候，可以用车装或骆驼驮运。在牛车上运载联结式套瑙的时候，不用把相邻的两个半圆拆开，就那么装到牛车上，使套瑙的脑袋冲着牛车的牙厢。套瑙的空壳子里，把怕磕怕碰的东西塞得满满的，这样装在车上方便。如用骆驼驮一定要拆卸开，把东西横木间闩的闩关一取开，套瑙就成了两个半圆，骆驼身上一边驮一个半圆，口朝上，头朝前，第一半的乌尼捆成

两捆，左右交叉，出来一个双叉，向上竖着驮到骆驼身上。半圆的空腔里放着怕打碎的锅、勺、碗、盆之类。插椽式套瑙的乌尼是一根一根散开的，车载驮运都一样，上面压住一点就行了。

搬迁的时候，这家的佛像、顶毡、毡门、套瑙一定要走在前面。用插椽式套瑙的人家要把箱柜、哈那和乌尼等捆成长方形，上面再放上木门、毡门，再上是套瑙，套瑙上是顶毡包裹的佛像。用联结式套瑙的人家，搬家时要把佛像请到另一辆车上。有一种特别老实的骆驼叫套瑙骟驼，是专门用于搬家的。

牧民搬家的时候，浩特里的人们要过来帮忙，将毡包等装捆到车上以后，把热茶、奶酪、饼子拿到蒙古包原址上，为他们送行。最先走的是神像和套瑙。驼驮行动以前，牵驼的女人开始穿衣，这家的尊长为她鞴马。女人牵上驼驮以后，绕着蒙古包的旧址，从东向南，顺时针转一圈（一般只牵第一个驮子），再上马而去。这家尊长在过去自己住过的位置穿好新袍，骑马跟在驼驮后面。搬家的时候，最前面走的是马和马倌（为了不影响驼驮的进程，马群要先行出发，从容而行）。这家尊长之所以要走在驼驮末尾，主要是为了看看是否有东西掉下，或驮子是否倾斜。小畜总是走在最后，由老人和孩子赶着前进。

蒙古包运走以后，要把原址打扫干净，牛练绳下面的粪便清除，春秋季节一定要把火种扑灭。

毡房做客勿唐突 22

漫话 蒙古包
MAN HUA MENG GU BAO

> "在大殿的每道门，或是大汗碰巧所到地任何地方，都有两名体格魁梧的侍卫，手执棍棒，分别站在两边，目的在于防止人们的脚踏在门槛上。如果有谁偶然犯了这条禁例，看门官便脱下他的衣服，然后罚他拿钱来赎回。如果他们不肯脱下衣服，看门官可以根据他们的权力，给他一顿棍棒。"

　　进蒙古包不能踩门槛，不能在门槛垂腿而坐，不能挡在门上，这是蒙古包的三忌。这种风俗自古就有，元朝出使蒙古的大旅行家马可·波罗曾说："在大殿的每道门，或是大汗碰巧所到地任何地方，都有两名体格魁梧的侍卫，手执棍棒，分别站在两边，目的在于防止人们的脚踏在门槛上。如果有谁偶然犯了这条禁例，看门官便脱下衣服，然后罚他拿钱来赎回。如果他们不肯脱下衣服，看门官可以根据他们的权力，给他一顿棍棒。"别说可汗诺颜的门槛不能踩，就是普通百姓的门槛也不能踩。百姓有句格言："物之首者哈达，屋之首者毡门。"进别人家的时候，首先要撩毡门、跨门槛才能进去。因此，人们常把去居民家说成迈"金门槛"。门槛是人家的象征，是人家的代表。"踩了蒙古包的门槛，人家就要倒霉"，这种观念，大约很早就在蒙古人中形成了。踩了可汗的门槛便有辱国格，踩了平民的门槛便败了时运。所以都特别忌讳，令行禁止。后来到了清朝末年，这种法令虽然成了形式，但不踩门槛一事，却因为每个人自觉遵守而流传下来。只有有意

跟对方挑衅、侮辱对方的人，才故意把坐骑拴在蒙古包上，踩着
人家的门槛进家。

　　尊重主人的客人，别说踩人家的金门槛，连毡门也不能从正
中而入，而要轻轻地撩起帘子，从毡门的东面进去。把右手向上
摊开，用手指头肚儿触一下门头，才能进去。这样做的用意是祝
福这家太平安详、洪福齐天。

　　平时为了尊重门户，不但脚不踩门槛，手不抓门头，连顶毡
也不能随便触动。在苏尼特嘎林达尔台吉的传说中，就有"不可
触动顶毡、灶台、有顶子的帽子"一说。人有帽子，蒙古包也有
帽子。蒙古包的帽子就是顶毡，所以不许触动。早晨拉顶毡的时候，
用右手抓住顶毡的带子，从胸前转一圈（顺时针）转到西面拉开。
晚上盖顶毡的时候，用右手在胸前转一圈，拉回东面。顶毡晚上

盖住，白天揭开。如果刮风下雪，不论何时都要盖上顶毡。平素晴天丽日，忌讳盖上顶毡。只有那家的人去世了以后，才把顶毡盖上。外人一看这般情景，就知道里面发生了什么事，自然不进去了。

蒙古人最尊重灶火，把它看得比什么都珍贵。来家做客的人，别说踩进灶火，木框也不能踩。前后出入的时候，要把袍襟撩起，生怕扫住灶火的木框（火撑外面的木圈儿）。支火撑、坐锅的时候，一定要注意不要倾斜。万一倾斜，也要向西北倾斜，不要向东南倾斜。据说西北主吉，东南主凶，所以俗话有"富裕人家的锅偏向西北，讨吃人家的锅偏向西南"的说法。还忌讳向灶火洒水、吐痰、扔脏物，不能在灶火的木框上磕烟袋，火撑上更不能磕烟袋。更忌讳向灶火伸腿，把腿伸到火撑上烤火。不能把刀子等刃面朝着灶火放置。要把剪子、切刀装进毡口袋，夹在蒙古包的衬毡缝里，或者刀子朝外放在墙根下面。忌讳用刀刃捅火、用刀刃翻火、用刀子从锅里扎肉吃、用刀子在锅里翻肉。此外，也不能在粪筐上垂腿而坐，不能踩火剪，袍襟不能扫住碲子边沿。

尊敬灶火的起因，可以从几个方面解释。考察灶火一词的古义，火指祖先流传下来的家庭用火，即火撑之火。高勒木德（香火）一词的含义，可以看成高勒毛都——主要的木头：柱子、横梁（套瑙横木）等，与今天的叫法完全一样。与此相关，我们的祖先供奉过火神与祖先的灵魂，这就是尊重火的历史原因。我们的祖先不仅很早就会用火，而且差不多同时开始祭火。在很早以前住窝棚的时候，在窝棚正北面载一根木头。这根木头从作为窝棚主要支架的三根木头绑着的地方穿出来，并把梢头伸出支架之上，根

部插在灶火正北的地方。在梢头的最上面，刻着一个鸟形的东西。学者认为这根木头就是火的标志、火的灵魂、祭火的原型，这就是高勒毛都。这种栽木的遗风，到现在还能在北美的印第安人那里找到。我们的祖先不仅认为这根木头是火的象征，而且是祖先灵魂所在。当时的人认为，人死了以后，灵魂还留在原地，就在灶火的北面竖起了标志，认为它是灵魂所附，把它供奉起来。

后来，我们的祖先从窝棚移到哈那房子里居住。作为祖先和火的灵魂标志的木头，不再起到支柱的作用，而是临时顶一下天窗，之后干脆成为一种风俗标志。这根木头，后来的牧民把它称为巴根，直到20世纪四五十年代还在使用。这种巴根也就是从前的高勒毛都，人们对它非常尊重，不准拥抱、抓拿、倚靠，不

准在上面拴绳子挂东西。从祭火的祝赞词中可以看到，蒙古人祭
火是成吉思汗时代流传下来的习俗。某一家的香火总是由那家的
季子继承，尊敬那一家的香火实际上就是尊敬那家的主人。

祝福多多的毡包赞

23

长篇蒙古包祝词，不仅是祝福吉祥之歌，而且是一首首劳动的赞歌，恭听后，倍感生活之充盈，喜悦振奋之情油然而生。

蒙古包选择在水草丰美、取水拾柴方便而又能为牲畜挡风避雪之处搭盖。选定良辰吉日，新包盖成之后，新灶生火时，要准备丰盛的食品，请左邻右舍来新包喝喜茶，举行小宴。来客呈上礼品后，将哈达拴在坠绳上，这时一位年老的祝颂人手捧洁白的

哈达和满满一碗鲜奶，清清嗓子开始高声吟诵蒙古包祝词，还先要从天窗引出的坠绳开始抹画。由于这一习俗遍及草原，所以蒙古包祝词非常丰富。祝颂人根据主人和毡包的具体情况，可即兴创作，随意发挥。但经过不同艺术个性和才华的祝颂人的不断创造，日积月累，其祝词大体形成了一种不成文的套式，即简括式和展开式两类模式。简括式的蒙古包祝词一般比较简短，只对蒙古包主要构件进行祝赞，八九行或十数行便作结束，如一首蒙古包祝词这般祝福：

　　珍贵的檀香木做材料，

　　工匠的巧手细装潢，

　　吉祥的图案呈奇彩，

　　祝福这哈那美丽无双！

坚实的壮松做门扇，
珍贵的沉香做门框。
人人进出的门户呀，
祝福这帐门结实光亮！

还有一类简短之作，似乎不受任何框架限制，甚而只字不提有关蒙古包事宜，只是说几句简单的祝福词而已。

愿主人即使两鬓银白，
身体仍然坚硬如钢。
愿赐予毕斯曼玉帝的洪福！
生活过得美满欢畅！
愿那所有赏赐之中，
永远幸福的赏赐优先临降！

还有一些祝颂辞是祈求祖宗使他们发财，青年人不染恶习，努力上进，能获得名列前茅的快马良骏，保护他们好好发展事业等，无一句对新包赞美之词：

请赐予永不分离的缘分，
请赐予无上的吉祥，
请赐予终身的安乐，

请赐予交友的好时光!

这类简短作品,不一定是设宴请客,由祝颂人所说的祝词,可能是在新包搭成生火时主人自己的口头祝福。因此,这样的祝词,还算不上典型的蒙古包祝词。由祝颂人隆重推出的作品,一般是展开式的,祝颂人可竭力发挥自己的才情,滔滔不绝,尽情挥洒,决不会三言两语、蜻蜓点水而过。这类作品一般从数十行到二三百行不等。

在喀尔喀蒙古地区,将"新包宴"中所说的祝词分为两种:一种是毡包祝词,多在婚礼仪式上说唱,侧重吟诵包内种种陈设;一种是毡包抹画词,多在新包落成的宴会上说唱,侧重祝颂新包的结构部件。前者属于介绍解说性质的,后者属于祭祀祝祷性质的。从以上叙述中可以看出,毡包抹画词祭祀诗的色彩较为浓厚,其产生形成就更为古老,而且与远古的拜火习俗有内在联系。为什么从套瑙开始抹画,这与古人穴居有关,由于无房门,直接从洞口出入,天窗犹如洞口,

所以首先抹画天窗。而侧重吟诵包内陈设的毡包祝词，只不过是由于婚姻中繁缛仪礼的出现，女性注意其妆奁陈设，吟诵者才逐渐添加这方面的内容。总体来看，所有长篇蒙古包祝词经过长期发展，已呈现二者合流现象，难以规定在某个仪式上该说什么、不该说什么，吟诵人完全可以根据眼前的实际，即景生情，充分展示口头才华。但是说得多了，经过众家的长期创造和锤炼，又很自然地形成了一种不成文的套式。一般有固定的开篇，从毡包外景说起，然后步入包内对各结构部件进行吟诵，接着是家具、用品，以及对五畜类的吟祝。如果进一步用各类长篇祝词加以比较的话，家具、用品可多可少，但火撑、铁锅、桌子、被褥、衣物等必需品是必定包括在吟祝之内，五畜可以不说，外景可以少说或者省去，但包内的结构部件，即所谓"八宝"必定要一一表述明白。可见展开式的蒙古包祝词与简短蒙古包祝词比较，风格不同，在于它不只是点到为止，而是纵横驰骋其想象，把蒙古包结构部件的作用、价值以及来源、如何制成等生动地加以描绘，展示给听众。所以长篇蒙古包祝词，不仅是祝福吉祥，而且是一首首劳动的赞歌，恭听后，倍感生活之充盈，喜悦振奋之情油然而生。

还有的祝词是对包内陈设：如火撑、火剪、铁锅、佛龛、神灯、箱子、皮缎衣物、被褥、摆放的乐器、笔砚、羊拐、象棋、箭壶、甲胄、摔跤坎肩以及各种各样的器具和五畜……

让那能装福分的箱柜，

让那能防盗贼的铁锁，

让那具有韧性的枕褥，

让那能盛食物的桶锅，

愿这凤凰降落的地方，

愿这鸾鸟般美丽的房主，

福如恒河之水流淌！

寿比紫檀枝叶繁茂兴旺！

安排在最适宜的场所。不嫌烦冗地一一点名祝祈。最后祝福这家主人如此等。总之一句话，蒙古包给这家主人带来说不完的福禄，道不尽的吉祥。这类数十行到数百行的蒙古包祝词在民间流传甚广。由于传承久远，日积月累，新事物不断出现，故内容愈显充实，但基本骨架和主旨仍是蒙古包本身的涂抹祝福，祈求生活幸福美好，这是所有蒙古包祝词共性所在。

故事链接：

成吉思汗智除通天巫

《蒙古秘史》里面，记载了成吉思汗在自己的官帐里面，成功解决了汗位和神权之间的冲突，确立了自己在草原上不可动摇的地位的故事。

帖卜·阔阔出是晃豁塔惕部蒙立克家族七个儿子中最聪慧狡黠的一个，从小就发现萨满教巫师是个有前途的职业，所以发奋图强、力争上游。据说他经常赤身裸体出没于荒野深山，回家后就对人说："我刚和长生天交谈，它带我在天上遨游。天上的美景真美！"

蒙古人信仰萨满教，信奉长生天，可很少有人这样胡说八道。

为此，他经常挨老爹蒙立克的耳光。但他越被打越神叨，想不到真让他折腾出了名堂，他的信徒遍布草原，到处都传颂着他是草原第一巫师的美名。

自从他老爹蒙立克带着族人重新回到成吉思汗身边并受到信赖，他在成吉思汗心目中的地位与日俱增。他常对成吉思汗说："你就是长生天在人间的代言人"。有一次，他神秘兮兮地对成吉思汗说："昨天夜里，我到森林中去和长生天谈话，他对我说，'我已把整个地面赐给铁木真以及他的子孙，命他为成吉思汗，教他如何这般实施仁政'"。

成吉思汗马上跪到地上，感谢长生天的赏赐。成吉思汗对长生天的深信不疑，是阔阔出飞黄腾达的根基。人类历史上从来没有一位君主会像成吉思汗那样毫无条件地信仰上天。他每当要做出重大决策时，必有一位萨满巫师提前为他占卜吉凶，而阔阔出就是他唯一的御用巫师。阔阔出说什么，他就办什么。当然，阔阔出打着长生天的旗号做出的各种有利于成吉思汗的预言，也为成吉思汗聚拢民众、树立权威提供了绝对的理论保障。

所以，1206年的开国大典，阔阔出被成吉思汗封为大蒙古国第一巫师，阔阔出又别出心裁，为自己的名字加上"帖卜腾格里"的前缀词，意为"通天巫"。

通天巫拥有巨大神奇的"权力"，他是长生天的天使，也是成吉思汗的精神导师，更是大蒙古国的指路人。在所有决定战争与和平的会议上，通天巫和他的助手们总是和成吉思汗的忠诚战友、亲兄弟坐在一起，成吉思汗在采取任何公开步骤之前都要和通天巫正式进行商讨，而通天巫的意见总是得到成吉思汗最大的尊重和服从。

在如何对待通天巫的问题上，成吉思汗显得异常谨慎，这有两方面原因。一方面是通天巫的确预言了很多确凿无疑的事，一方面，对长生天深信不疑的他认为通天巫真有神奇的法力和权力，如果稍对其不礼，会引来杀身之祸。

通天巫伶俐异常，当然明白自己在成吉思汗心目中的地位。他对成吉思汗说："你现在拥有的一切，都是长生天所赐，其实也就是我代表长生天赏赐给你的"。成吉思汗小心翼翼地说："恐怕还有我和战友们发奋图强、英勇战斗的功劳吧"！

通天巫愣了一下，随即笑道："当然，长生天不会照顾无能的人，但你要记住，没有长生天，没有我，你的一切都将消失"。

成吉思汗恭敬地点头说："我记下了"。

这样的日子一久，通天巫和他的追随者就开始不把成吉思汗放在眼里了，野心也一天天膨胀起来。

一次，通天巫和他的六个兄弟和无数信徒在茂密的森林中交谈，通天巫说："我应该和成吉思汗平起平坐"。

众人问："为什么？"

通天巫说："是在我的主持下，他才登上的汗位，他能登上宝座应归功于我的那些预言和咒语"。

他的六个兄弟说："我们支持你"！

通天巫扫了一眼满树林坐着的信徒，信徒们异口同声："我们支持你！"

通天巫有了追随者们的支持，仿佛一夜之间神魔附体，开始表现得有恃无恐、肆无忌惮起来，事情自然而然就发生了。有一天，通天巫和他的六个兄弟与成吉思汗的弟弟合撒儿参加宴会，宴会到达高潮时，通天巫和他的六个兄弟喝得不辨东西、神经错乱，于是和合撒儿吵嚷起来，合撒儿才还一句嘴，通天巫就大喊一声："给我打"！

他的六个兄弟一起上前，对合撒儿一顿老拳伺候，合撒儿来找成吉思汗告状。合撒儿当时并未还手，这足以说明通天巫的权力之大。成吉思汗看了看鼻青脸肿的合撒儿，因为无法解决这件事而恼羞成怒："你不是经常吹嘘能以一敌十吗？怎么今天被六个人揍成这副德行，难道他们用了长生天的法力？"

合撒儿张着嘴，眼含热泪，看到愤怒得直转圈的老哥，他默默地起身走出毡帐，放眼望去，草原茫茫，天高地阔，于是一气之下骑马飞驰而去。谁也不知道他去了哪里，三天后他才瘀青着脸回来。

人们见到他时，发现他性情有所变化。他变得很神秘，经常在夜间到亲密战友的毡帐里通宵达旦地谈论。通天巫为此举行了一场占卜，占卜完毕，他失色道："合撒儿正联合其他人准备把我搞掉"。

六个兄弟抽出刀子说："咱们先下手为强"。

通天巫嘿嘿道："何必用刀子"。

六个兄弟齐声问："那用什么"？

"用长生天"！

通天巫跑到成吉思汗的毡帐，神秘兮兮地说："昨夜和长生天聊天，他透露个惊天信息给我"。

成吉思汗正襟危坐，问："什么信息"？

通天巫回答："长生天说，成吉思汗将继续主宰天下，但长生天又说，合撒儿也可主国"。

成吉思汗心绷紧了，合撒儿的野心在多年前就风传草原，这个弟弟精明强干，而且是个神射手，长生天都说他将主宰国家，那就是肯定的了。

那天夜里，成吉思汗左思右想，认为通天巫得到的启示是真实的。他是个一想到就马上去做的人，命令他值班的怯薛长带领值班武装团，直奔合撒儿的营帐。合撒儿刚从战友的营帐回来，正准备休息，突然看到老哥硬闯进来，不由得吓了一跳。

成吉思汗冷笑两声，问："你曾消失三天，做什么去了"？

合撒儿莫名其妙，回答："散心啊"！

成吉思汗又冷笑两声，猛地绷起脸："给我拿下"！

合撒儿吵嚷起来，成吉思汗命人堵住他的嘴，送进囚笼。也许是兄弟情谊作祟，成吉思汗没有马上下令处置合撒儿，这就给了合撒儿一个活命的机会。

合撒儿的两个亲信急忙跑到诃额仑处报告了成吉思汗怪异的举动，诃额仑马上叫人牵来一头骆驼驾车，当夜就驱车上路，奔成吉思汗大帐而来。

黎明时分，成吉思汗正在审讯合撒儿，突然外面喊声四起，有人向他报告，诃额仑来了。

成吉思汗急忙把诃额仑请到毡帐里，诃额仑怒气冲冲，脸色阴森可怕，连看都没看他一眼，就走到合撒儿面前，为他松绑。成吉思汗见到母亲这般模样，早已吓得手足无措、狼狈不堪。

诃额仑解开合撒儿，盘腿往地上一坐，三两下就解开胸襟，掏出一对干瘪的乳房，命令成吉思汗："你跪下"！

成吉思汗双膝一软，跪到地上，合撒儿也跟着跪下。诃额仑轻蔑地扫视了毡帐里的审讯人员，然后对成吉思汗和合撒儿说："看见了吗？你俩一同吸吮的乳房就在这里。铁木真你有智慧，合撒儿有力气。他帮你建立了赫赫功业，你现在安稳了，难道容不下合撒儿了吗？"

成吉思汗是个大孝子，历来成大事者似乎都孝顺父母，中国儒家在这个"孝"字上用功极深，可见不是没有道理。他急忙用膝盖行走到母亲大人面前，惭愧地低下头说："我错了，再也不这样了"。

诃额仑又把"兄弟同心，其利断金"的话说给成吉思汗，成吉思汗唯唯诺诺，可当诃额仑一走，他又翻脸无情，把之前分给合撒儿的百姓从四千人减为一千四百人，并且剥夺他参政的权力。成吉思汗敢违背母亲的意愿，和他相信通天巫以长生天名义给他的启示有关，他只相信长生天，不相信合撒儿。据说，诃额仑听到这个消息后，精神受到重击，不久就去世了。

成吉思汗对合撒儿的处理让通天巫更加肆无忌惮，他坚信，成吉思汗离不开他，因为在草原上，一国之主或者一个部落首长和巫师是不可分的，国王必须和巫师合二为一，才能得到合法性。

合撒儿被处理后，成吉思汗的威名顿时扫地，有人认为成吉思汗的权力完全来自通天巫，所以跑到通天巫手下听他的差遣。甚至有人对成吉思汗丧失信心，偷偷跑到西伯利亚去流浪。

这些事情都在缓慢发生，成吉思汗似乎遇到大困境，无法施展智慧解决这个难题。随后不久，又发生了一件事，更让他陷入泥潭不能自拔。

这件事仍然是由通天巫扮演主角，他的对手则由合撒儿换成了成吉思汗的幼弟帖木格。起因是这样的：帖木格的百姓陆续跑到了通天巫那里，拥有百姓的多少不但是权力的象征，还是富裕的象征，所以帖木格派人去和通天巫交涉，要他交出属于自己的百姓。

通天巫狂笑，说："百姓们是自己主动来的，又不是我去抢的，你这行为很不美，长生天知道了会特别不高兴"。

帖木格的使者刚争辩两句，通天巫怒目圆睁，大手一挥，他的几个兄弟就跳上来把帖木格的使者一顿臭揍，揍累了，就把一张马鞍绑在了使者背上，让他驮着马鞍离开。

帖木格一见自己人被辱，大发雷霆，亲自跑到通天巫处要人，通天巫二话不说，命令手下人把帖木格从马上拉下来，暴打一顿，然后命令帖木格给他下跪认错。帖木格是个能屈能伸的人，满足了通天巫的虚荣心后跑到成吉思汗那里告状。

帖木格冲进成吉思汗的毡帐，跪倒在地，鼻涕一把泪一把地说："即使是咱们小时候总被人欺负，可也没有被人欺负到如此程度。他通天巫欺负咱们家族可不是第一回了，老哥你要为咱们家族、为我做主啊"！

成吉思汗当时在孛儿帖的毡帐里刚起来，听完帖木格的叙述，他一言不发，坐在那里发呆，但脸色已是极其难看，像是铁一样。过了一会儿，他搓着手，面露难色，叫帖木格先起来。帖木格"哎哟"地叫起来，说被通天巫打得浑身疼痛，起不来。

其实帖木格是在撒泼，如果成吉思汗不为他做主，他有可能跪到世界末日。成吉思汗手足无措，他不知道怎么处理这件事，脑袋里空空如也。

正当他打转，帖木格摆出跪到地老天荒的神情时，帷幕后有人说话了："这事很简单"。

说话的人是孛儿帖，声音很低，但异常刺耳，成吉思汗和帖木格都听得清清楚楚。但两人谁都没有搭话，帖木格不搭话，是因为成吉思汗还没有搭话，成吉思汗不搭话，是因为他脑袋空空，意乱神迷。

半天工夫，孛儿帖见成吉思汗没有回音，一把将帷幕拉开，坐于就寝处，以衾领遮其胸，大声说道："那个阔阔出和他的兄弟竟然放肆到如此程度！先前，他们殴打合撒儿，今天又强迫帖木格下跪，这还有没有王法了！我们贵为皇族都受此遭遇，别人可想而知。可汗您还在，他们就敢殴打您的亲兄弟，如果有一天您不在了，他们岂不是要把咱们家族成员都斩尽杀绝？到那时，您辛苦聚拢起来的民众会是什么结果？可汗请从他现在的表现推测将来，他将来能真心实意地让咱们家族成员当这一国之主吗？您为何对外人迫害您的亲兄弟无动于衷呢？"

孛儿帖越说越激动，忍不住泪流满面，啜泣不止，给了成吉思汗很大的震动，他如梦方醒，眼前清晰出现的图画中，他的家人和百姓正遭受着通天巫的皮鞭，他辛苦建立起来的大蒙古国也成了通天巫的天下。

他大叫一声，浑身舒畅，充满了正义的力量。这力量并非来自长生天的使者通天巫，而是来自长生天本人。对通天巫那能掐会算、可改变命运的神秘权力的恐惧荡然无存，他终于恢复了人们印象中那种敢作敢为的男子汉和果敢的政治家的形象，他用能让沸水成冰的威严的声音命令帖木格道："起来！去通知阔阔出来我大帐，说有要事相商"。

成吉思汗下定决心干掉通天巫，孛儿帖功不可没。如果没有孛儿帖，成吉思汗恐怕还在他和通天巫关系的烂泥坑中挣扎着，任何人，包括长生天都不知道通天巫接下来会干出什么石破天惊的大事来。

成吉思汗要帖木格去通知通天巫来之前，告诉帖木格："通天巫来到后，凭你处置"。这句话顶一万句，帖木格擦干眼泪，神情冷酷地走出孛儿帖的毡帐，找来三个大力士，对他们说："可汗要铲除通天巫，你们等会儿看我的眼色"。

三个大力士是帖木格的忠实奴仆，正因为主人受辱而心如刀绞，听到可以复仇，不禁兴奋异常。帖木格嘱咐三人："通天巫有神力在身，不可轻视，一定要快刀斩乱麻"。

通天巫来了，昂首挺胸，目不斜视，迈着不可一世的步伐。他身后跟着那六个兄弟，甩着膀子，踏着狗仗人势的碎步。通天巫进到大帐，一屁股就坐到桌前，六个兄弟站在他身后，俨然葫芦兄弟集体亮相。

通天巫一看到帖木格朝他坏笑的脸，就不高兴起来。他腾地站起来，对刚走进来的父亲蒙立克说："帖木格为何在此？难道咱们商量事还有他参与的资格吗？"

蒙立克还未说话，帖木格也腾地站起来，上前抓住通天巫的衣领，恨恨地说："你昨天让我下跪，今天我要讨回公道"！

通天巫冷笑，他身后的六个兄弟已挽起袖子要冲上来。帖木格扯下通天巫的帽子，摔到地上说："有本事咱们单打，仗着你兄弟多算什么本事"！

通天巫也抓住帖木格的肩膀说："好，我还怕你不成，来啊"！

帖木格说："这里地方太小，难以施展，咱们去大帐外面"。

通天巫说："好啊，我今天非摔死你不可"！

两人拉扯着像螃蟹一样冲出了大帐，蒙立克捡起通天巫的帽子，凑到鼻子底下闻了闻，突然一种不祥的预感从帽子传递到他手上，他惊慌地看向成吉思汗，成吉思汗面色平静，不发一言，他只好默默地把帽子揣进怀里。

通天巫和帖木格刚出大帐，通天巫还未来得及用绝招，他身后就冲上来三个大力士，这三个人同时发力，能把一头大象一折为二，通天巫当然不是大象，也没有什么神奇法力，所以三个大力士同时用力，把他折成了两截。

一代传奇巫师就此告别人间，至于他是否被长生天接纳，就是另一个世界的事了。

帖木格杀掉通天巫后，装模作样地走进大帐对成吉思汗和蒙立克说："昨天阔阔出叫我跪地悔过，我二话都没说。今天我和他摔跤，把他摔倒在地，居然装死不起来，可见他是个输不起的人"。

蒙立克手一颤，通天巫的帽子掉在地上，他知道儿子已经死了。不但儿子已死，他也有性命之忧，于是急忙含泪向成吉思汗求情："当您的国土还像土块那样大的时候，我就是您的同伴；当汹涌的大江还像小溪的时候，我就和您相识了"。

蒙立克这话简直不要脸，他抛弃过成吉思汗一家，后来见成吉思汗有了起色才又跑回来的。但成吉思汗是个仗义的人，所以向他温和地点头，其实是告诉蒙立克：我不搞牵连，你放心。

蒙立克以情动人，他的六个儿子却没有这样的宽厚，他们也意识到伟大的兄弟已死，马上采取行动，三个人挡住门口，三个则上前撕扯成吉思汗，成吉思汗龙颜震怒："大胆！滚开！"

就在他们惊住的刹那，成吉思汗一个箭步，冲出了大帐，大帐外的禁卫军马上把成吉思汗团团保护起来，六个人见大势已去，都垂下肩膀，溜到老爹蒙立克身后，低头不语。

我们叙述这件事心平气和，其实当时杀机四伏。通天巫死之前的势力已登峰造极，史书说他的信徒成千上万，有九种语言在他的基地流行，俨然是个小王国。他的信徒已经渗入成吉思汗的禁卫军，如果当时不是成吉思汗大吼一声震住他们，后果不堪设想，因为从始至终，我们都没有见到成吉思汗的禁卫军进到大帐里。直到成吉思汗跑出大帐，被更多的禁卫军保护起来，那些潜在敌对分子才又忠诚起来。

下面的事更证明了通天巫的势力之强。成吉思汗命人在通天巫的尸体上搭建了一个小型的毡帐，然后马上下令把自己的大帐移到别处。他的担心不是多余的，通天巫的信徒们很可能会趁着教主新死的悲愤情绪挑事。

当他在别处搭好大帐之后，开始思考这件事的后期处理。通天巫并非一般人，他的身份决定了他的地位和势力。把他杀掉容易，可要彻底根除他的影响是件难度很大的事。在草原人眼中，通天巫是长生天的使者，拥有神奇的权力，这样的人居然被成吉思汗所杀，那就说明成吉思汗背叛了长生天。背叛长生天就明示了成吉思汗可汗之位是违法的，不是天授的，这对任何一个国家的最高领导人而言，都是件危险的事。

要想证明自己是合法的，只有一个办法，证明通天巫是违法的。按照这个思路，成吉思汗眉头一皱，计上心来。

他下令说，三天后要为通天巫举行盛大葬礼，在此之前，通天巫遗体必须严加看管，他鼓励大家去见通天巫的尸体。一批批通天巫的信徒来了，他们悲伤得不能自已，他们搞不清楚，伟大的成吉思汗为什么要杀伟大的通天巫，他们不是一体的吗，成吉思汗的君权神授不正是通天巫告之的吗？

遮盖通天巫遗体的毡帐被围得水泄不通。守卫通天巫遗体的小队由三个百户组成，还有一群信徒自发在毡帐外聚集，连只苍蝇都飞不进去，也飞不出来。

举行盛大葬礼的前一天晚上，毡帐突然神秘地抖动起来，人们看到毡帐没来由地摇晃了三下，里面发出通天巫的怪叫声，毡帐的天窗突然打开。信徒们惊恐地跪下，守卫们遵从成吉思汗的严嘱不敢去看。幸好，只一会儿工夫，毡帐恢复了平静。

第二天凌晨，成吉思汗带领通天巫的信徒们打开毡帐，信徒们惊愕万分。通天巫的尸体不翼而飞，残存的月光从天窗透下来，让此情此景更为可怖。

成吉思汗大吼大叫，发誓说要派人严密调查通天巫的尸体去向。几天后，成吉思汗当众宣布调查结果：阔阔出大逆不道，所以长生天不爱他，把他的生命和尸体都取走了。

通天巫的信徒们对此深信不疑，因为如果不是长生天，没有人能从防守严密的毡帐里搬走尸体。他们于是确信，通天巫是个坏蛋，长生天不喜欢他，所以先借帖木格之手取走了他的命，又拿走了他的尸体。

整个草原上都开始风传这样的信息：通天巫是违法的长生天使者，成吉思汗是长生天在人间的合法代理人。

当然，通天巫尸体不可能被长生天拿走，拿走他尸体的只能是成吉思汗。成吉思汗在通天巫信徒面前演了一场好戏，至于他是如何拿走通天巫尸体的，史书没有记载。在那种情况下，恐怕只有一种可能：挖地道。

无论如何，经过这场好戏的编排和表演，成吉思汗消除了通天巫的影响，强化了自己的权威。可是，草原人不能没有巫师，就如天竺不能没有佛教一样。成吉思汗很快就发布命令说，长生天又派了一位巫师来，他就是老实巴交的兀孙老人。和阔阔出一样，兀孙老人也来自蒙古部落的望族，而且是高明的萨满教徒，从他出生那一刻起，就一直在和长生天沟通。所以，他就是我们大蒙古国的新巫师。

草原人又有了精神导师，不禁欢欣鼓舞。成吉思汗偷偷对兀孙老人说：“好好做，不要学阔阔出”。

兀孙老人满脸流汗地说：“您就是长生天，您可传递旨意给我！”

成吉思汗又叫来蒙立克，语重心长地对这位丧子的老人说：“你呀什么都好，就是在家庭教育方面不怎么样。如果我知道你的儿子有这样的野心，我早就让你一家和札木合一样了”。

蒙立克老泪纵横，跪下求饶。

成吉思汗扶他起来道：“不过我已有言在先，你们可犯九次罪，我如果现在治你们的罪，那会叫人耻笑。但我又不能不做出惩罚，我收回你们的赦免九次之恩，你们再犯罪，就别怪我不客气了”。

蒙立克千恩万谢，自此，他和他的六个儿子退出了成吉思汗的舞台，玩安静老实的独舞去了。

成吉思汗现在把王权和神权牢牢掌握在手，恐怕只有长生天才能剥夺他的权力，但他还是让兀孙老人说：“长生天给成吉思汗的权力是永恒的”。

他的权力从此的确是永恒的，如万有引力，永恒而生，永恒而在。

参考书目

1. 郭雨桥著：《郭氏蒙古通》，作家出版社 1999 年版。

2. 陈寿朋著：《草原文化的生态魂》，人民出版社 2007 年版。

3. 邓九刚著：《茶叶之路》，内蒙古人民出版社 2000 年版。

4. 杰克·威泽弗德（美）：《成吉思汗与今日世界之形成》，重庆出版社 2009 年版。

5. 度阴山：《成吉思汗：意志征服世界》，北京联合出版公司 2015 年出版。

6. 提姆·谢韦伦（英）：《寻找成吉思汗》，重庆出版社 2005 年出版。

7. 宝力格编著：《话说草原》，内蒙古大学出版社 2012 年版。

8. 雷纳·格鲁塞（法）著，龚钺译：《蒙古帝国史》，商务印书馆 1989 年版。

9. 王国维校注：《蒙鞑备录笺注》，（石印线装本）

10. 余太山编、许全胜注：《黑鞑事略校注》，兰州大学出版社 2014 年版。

11. 朱风、贾敬颜（译）：《蒙古黄金史纲》，内蒙古人民出版社 1985 年版。

12. 额尔登泰、乌云达赉校勘：《蒙古秘史》，内蒙古人民出版社 1980 年版。

13. （清）萨囊彻辰著：《蒙古源流》，道润梯步译校，内蒙古人民出版社 1980 年版。

14. 郝益东著：《草原天道》，中信出版社 2012 年版。

15. 刘建禄著：《草原文史漫笔》，内蒙古人民出版社 2012 年版。

16. 道尔吉、梁一孺、赵永铣编译评注：《蒙古族历代文学作品选》，内蒙古人民出版社 1980 年版。

17. 《蒙古族文学史》：辽宁民族出版社 1994 年版。

18. 王景志著：《中国蒙古族舞蹈艺术论》，内蒙古大学出版社 2009 年版。

19. 郭永明、巴雅尔、赵星、东晴《鄂尔多斯民歌》，内蒙古人民出版社 1979 年版。

20. 那顺德力格尔主编：《北中国情谣》，中国对外翻译出版公司 1997 年版。

后记

经过反复修改、审核、校对，这套《草原民俗风情漫话》即将付梓。在这里，编者向在本套丛书编写过程中，大力支持和友情提供文字资料、精美图片的单位、个人表示感谢：

首先感谢内蒙古人民出版社资料室、内蒙古图书馆提供文字资料；

感谢内蒙古饭店、格日勒阿妈奶茶馆在继《请到草原来》系列之《走遍内蒙古》《吃遍内蒙古》之后再次提供图片；

感谢内蒙古锡林浩特市西乌珠穆沁旗"男儿三艺"博物馆的工作人员提供帮助，让编者单独拍摄；

感谢鄂尔多斯市旅游发展委员会友情提供的2016"鄂尔多斯美"旅游摄影大赛获奖作品中的精美图片；

感谢内蒙古武川县青克尔牧家乐演艺中心王补祥先生，在该演艺中心《一代天骄》剧组演出期间友情提供的"零距离、无限次"的拍摄条件以及吃、住、行等精心安排和热情接待；

特别鸣谢来自呼和浩特市容天艺德舞蹈培训机构的"金牌"舞蹈老师彭媛女士提供的个人影像特写；

感谢西乌珠穆沁旗妇联主席桃日大姐友情提供的图片；

感谢内蒙古奈迪民族服饰有限公司在采风拍摄过程中提供的服装和图片；

感谢神华集团包神铁路有限责任公司汪爱君女士放弃休息时间，驾车引领编者往返于多个采风单位；

感谢袁双进、谢澎、马日平、甄宝强、刘忠谦、王彦琴、梁生荣等各位摄影爱好者及老师，在百忙之中友情提供的大量精心挑选的精美图片以及尚泽青同学的手绘插图。

另外，本套丛书在编写过程中，参阅了大量的文献、书刊以及网络参考资料，各分册丛书中，所有采用的人名、地名及相关的蒙古语汉译名称，在章节和段落中或有译名文字的不同表达，其表述文字均以参考书目及相关资料中的原作为准，不再另行修正或校注说明，若有不足和不当之处，敬请读者批评指正和多加谅解。